U0152564

几类半导体模型的理论分析

董建伟　著

西南交通大学出版社
·成　都·

图书在版编目（ＣＩＰ）数据

几类半导体模型的理论分析／董建伟著. —成都：
西南交通大学出版社，2017.3
ISBN 978-7-5643-5297-4

Ⅰ．①几… Ⅱ．①董… Ⅲ．①半导体 – 物理模型
Ⅳ．①O47

中国版本图书馆 CIP 数据核字（2017）第 035169 号

| 几类半导体模型的理论分析 | 董建伟　著 | 责任编辑　穆　丰 |
| | | 封面设计　米迦设计工作室 |

印张　9.5　　字数　164千	出版 发行　西南交通大学出版社
成品尺寸　170 mm×230 mm	网址　http://www.xnjdcbs.com
版次　2017年3月第1版	地址　四川省成都市二环路北一段111号
	西南交通大学创新大厦21楼
印次　2017年3月第1次	邮政编码　610031
印刷　四川森林印务有限责任公司	发行部电话　028-87600564　028-87600533
书号：ISBN 978-7-5643-5297-4	定价：48.00元

前　言

随着科学技术的高速发展，从人们的日常生活到航空航天等领域，半导体器件都日益发挥着形影不离、举足轻重的巨大作用. 半导体工业的发展水平已经成为一个国家综合实力的重要组成部分.

半导体器件的研究，需要融合电子学、材料学和数学等各个学科. 为了研究半导体器件中载流子的运动规律，科学家们建立了不少半导体模型. 近二十年来，半导体器件的日益微型化使量子效应变得越来越重要，因而量子半导体模型成为众多数学家和物理学家的一个研究新热点，成为富有生命力的活跃领域. 量子半导体模型可分为微观量子模型和宏观量子模型两类，与微观量子模型相比较，宏观量子模型有两大优势：第一，宏观量子模型利用粒子密度、粒子速度、粒子温度和电流密度等来描述载流子的变化规律，在半导体器件的边界处便于给出这些量的描述；第二，宏观量子模型比微观量子模型更易于数值模拟.

本书的前四章研究四类常见的半导体宏观量子模型：量子漂移-扩散模型、量子能量输运模型、量子 Navier-Stokes 方程组和双极量子流体动力学模型. 我们在一维有界区间上利用指数变换法和 Leray-Schauder 不动点理论，证明了量子漂移-扩散稳态模型、量子能量输运稳态模型、量子 Navier-Stokes 稳态方程组古典解的存在性以及双极等温量子流体动力学稳态模型弱解的存在性，另外在一维有界区间上研究了量子 Navier-Stokes 方程组瞬态解的指数衰减性和爆破. 在研究这四类模型解的存在性时，虽然所用的方法类似，但模型的形式有很大不同，因此所用解的先验估计技巧以及不动点算子的构造都不尽相同. 第五章研究经典的能量输运模型，介绍其稳态方程组解的存在性和唯一性.

这五类模型从数学上讲都是复杂的非线性偏微分方程组，无法求出它们的真正解，只能从理论上研究它们的定解条件和解的性质，以便为解的近似计算和数值模拟提供理论依据。在超导体、流体力学、气体动力学、电动力学以及一些化学现象中，也出现过大量类似的偏微分方程。本书的研究成果将为研究其他类型的非线性偏微分方程提供新的方法和技巧，进一步丰富偏微分方程理论。在实际应用中，可以为一些半导体器件的科学试验和数值模拟提供合适的初始资料、边界条件和物理参数等，从而节减实验成本和实验时间，加快生产进程，提高生产效益.

　　本书的编写和出版受到了河南省科技厅基础与前沿技术研究项目（编号：162300410077，名称：半导体器件中的能量输运模型研究）、郑州航空工业管理学院青年骨干教师计划项目、郑州航空工业管理学院重点学科建设项目以及航空经济发展河南省协同创新中心的支持和赞助.

　　虽极力追求完善，但书中不妥之处在所难免，欢迎各位专家、读者批评指正.

作　者
2016 年 5 月

目　录

第一章　量子漂移-扩散模型

1.1　引　言

单极量子漂移-扩散模型形式为[1]：

$$n_t = \text{div}\left[-\varepsilon^2 n \nabla\left(\frac{\Delta\sqrt{n}}{\sqrt{n}}\right) + \nabla(p(n)) + n\nabla V\right],\qquad (1.1.1)$$

$$-\lambda^2 \Delta V = n - C(x)\ ,\qquad (1.1.2)$$

其中电子密度 n 和电位势 V 为未知函数，函数 $p(n)=n^\gamma$，$\gamma \geq 1$ 表示压力，已知函数 $C(x)$ 表示杂质密度，标度的普朗克常数 $\varepsilon > 0$ 和德拜长度 $\lambda > 0$ 为物理参数. 模型（1.1.1）~（1.1.2）可利用熵最小化原理从 Wigner-BGK 方程中取扩散极限[2]或从量子流体动力学方程组中取零弛豫时间极限[3]推导出. 在周期边界、Dirichlet 边界或 Dirichlet-Neumann 混合边界下，对于模型（1.1.1）~（1.1.2）的瞬态解的整体存在性、半古典极限及长时间行为已经有了很多研究结果，见文献[1，4-8]，稳态方面的结果见文献[9].

双极量子漂移-扩散模型形式为[10]：

$$n_t = \text{div}\left[-\varepsilon^2 n \nabla\left(\frac{\Delta\sqrt{n}}{\sqrt{n}}\right) + \nabla(n^\alpha) - n\nabla V\right],\qquad (1.1.3)$$

$$p_t = \text{div}\left[-\xi\varepsilon^2 p \nabla\left(\frac{\Delta\sqrt{p}}{\sqrt{p}}\right) + \nabla(p^\beta) + p\nabla V\right],\qquad (1.1.4)$$

$$\lambda^2 \Delta V = n - p - C(x)\ ,\qquad (1.1.5)$$

其中电子密度 n、空穴密度 p 和电位势 V 为未知函数，标度的普朗克常数 $\varepsilon > 0$，德拜长度 $\lambda \geq 0$ 以及电子与空穴的效应质量比 $\xi > 0$ 为物理参数，已知函数 $C(x)$ 表示杂质密度，$\alpha, \beta \geq 1$ 表示绝热指数. 关于模型（1.1.3）~（1.1.5）瞬态解的研究结果参看文献[10-14].

本章主要研究模型（1.1.1）～（1.1.2）一维稳态古典解的存在性和唯一性以及模型（1.1.3）～（1.1.5）一维稳态弱解的存在性、唯一性和半古典极限.

对于（1.1.1）～（1.1.2）一维稳态模型的古典解，我们考虑如下边值问题：

$$-\varepsilon^2 n\left(\frac{(\sqrt{n})_{xx}}{\sqrt{n}}\right)_x + (p(n))_x + nV_x = J_0 , \tag{1.1.6}$$

$$-\lambda^2 V_{xx} = n - C(x) , \quad x \in (0,1) , \tag{1.1.7}$$

$$n(0) = n(1) = 1 , \quad n_x(0) = n_x(1) = 0 , \tag{1.1.8}$$

$$V(0) = V_0 = \begin{cases} \varepsilon^2 (\sqrt{n})_{xx}(0), & p(n) = n, \\ \varepsilon^2 (\sqrt{n})_{xx}(0) - \dfrac{\gamma}{\gamma - 1}, & p(n) = n^\gamma, \quad \gamma > 1, \end{cases} \tag{1.1.9}$$

其中，常数 J_0 为电流密度。 边界条件（1.1.9）可解释为 Bohm 位势 $\frac{(\sqrt{n})_{xx}}{\sqrt{n}}$ 在 $x = 0$ 处的 Dirichlet 边界条件。

对于问题（1.1.6）～（1.1.9），主要结果叙述如下：

定理 1.1.1[15] 设 $C(x) \in L^\infty(0,1)$, $C(x) > 0$, $x \in (0,1)$, 则问题（1.1.6）～（1.1.9）存在古典解 (n,V) 使得 $n(x) \geqslant e^{-M} > 0$, $x \in (0,1)$, 其中 M 满足 $M = \sqrt{\dfrac{c_0 e^{(\gamma-1)M}}{\lambda^2 \gamma}}$, $c_0 = e^{-1} + \|C(x) \log C(x)\|_{L^\infty(0,1)}$. 另外，在等温情形，即 $p(n) = n$ 时，如果 ε 和 $|J_0|$ 充分小，则问题（1.1.6）～（1.1.9）的解是唯一的.

注 1.1.1 文献[9]仅在等温情形下得到了（1.1.1）～（1.1.2）一维稳态模型弱解的存在性和唯一性，而定理 1.1.1 在等温和等熵两种情形下得到的都是问题的古典解.

对于（1.1.1）～（1.1.2）一维稳态模型的古典解，我们可以把定理 1.1.1 的结果推广到端点处电子密度不相等的情形：

$$n(0) = n_0 , \quad n(1) = n_1 , \quad n_x(0) = n_x(1) = 0 , \tag{1.1.10}$$

$$V(0) = V_0 = \begin{cases} \varepsilon^2 \dfrac{(\sqrt{n})_{xx}}{\sqrt{n}}(0) - \log n_0, & p(n) = n, \\ \varepsilon^2 \dfrac{(\sqrt{n})_{xx}}{\sqrt{n}}(0) - \dfrac{\gamma}{\gamma - 1} n_0^{\gamma-1}, & p(n) = n^\gamma, \quad \gamma > 1, \end{cases} \tag{1.1.11}$$

这里 $n_0, n_1 > 0$，常数 J_0 为电流密度. 对于问题（1.1.6）~（1.1.7），（1.1.10）~（1.1.11），我们有如下结果：

定理 1.1.2[16] 设 $C(x) \in L^2(0,1)$，则问题（1.1.6）~（1.1.7），（1.1.10）~（1.1.11）存在古典解 (n, V) 使得 $n(x) \geqslant e^{-M} > 0$，$x \in (0,1)$，其中 M 满足

$$M = |\log n_0| + \sqrt{\frac{8c_0 e^{(\gamma-1)M}}{\gamma}}，\tag{1.1.12}$$

$$c_0 = \frac{2\varepsilon^2 \alpha^2}{3\mu(1-\mu)} + \frac{23\gamma\alpha^2}{30} e^{3(\gamma-1)M} + \frac{23\gamma\alpha^2}{60 e^{(\gamma-1)M}} + \frac{e^{(\gamma-1)M}}{2\lambda^4 \gamma} \left\| e^{u_D} - C(x) \right\|_{L^2(0,1)}^2 +$$

$$2\gamma^{-1} J_0^2 e^{(\gamma+1)M} + |J_0| \alpha e^M，\tag{1.1.13}$$

$\alpha = |\log n_1 - \log n_0|$，$\mu \in \left(0, \dfrac{1}{2}\right]$，$\mu < \dfrac{1}{2\alpha}$. u_D 的定义见 1.3 节中引理 1.3.1 的证明.

另外，如果 ε 和 $|J_0|$ 充分小且 λ 充分大，则问题（1.1.6）~（1.1.7），（1.1.10）~（1.1.11）的解是唯一的.

对于（1.1.3）~（1.1.5）一维稳态模型的弱解，设 $\alpha = \beta = 1$（等温情形），为了方便，再设 $\lambda = \xi = 1$，我们考虑如下边值问题：

$$-\varepsilon^2 n \left(\frac{(\sqrt{n})_{xx}}{\sqrt{n}} \right)_x + n_x - n V_x = J_0，\tag{1.1.14}$$

$$-\varepsilon^2 p \left(\frac{(\sqrt{p})_{xx}}{\sqrt{p}} \right)_x + p_x + p V_x = J_1，\tag{1.1.15}$$

$$V_{xx} = n - p - C(x)，\quad x \in (0,1)，\tag{1.1.16}$$

$$n(0) = n(1) = 1，\quad n_x(0) = n_x(1) = 0，\tag{1.1.17}$$

$$p(0) = p(1) = 1，\quad p_x(0) = p_x(1) = 0，\tag{1.1.18}$$

$$V(0) = V_0，\tag{1.1.19}$$

其中 J_0 和 J_1 分别表示电子电流密度和空穴电流密度.（1.1.14）除以 n 再关于 x 求导，得

$$-\varepsilon^2 \left(\frac{(\sqrt{n})_{xx}}{\sqrt{n}} \right)_{xx} + \left(\frac{n_x}{n} \right)_x - (n - p - C(x)) = \left(\frac{J_0}{n} \right)_x，\tag{1.1.20}$$

这里用到了 Poisson 方程（1.1.16）. 类似地，（1.1.15）除以 p 再关于 x 求导，得

$$-\varepsilon^2\left(\frac{(\sqrt{p})_{xx}}{\sqrt{p}}\right)_{xx} + \left(\frac{p_x}{p}\right)_x + (n-p-C(x)) = \left(\frac{J_1}{p}\right)_x. \qquad (1.1.21)$$

令 $n = e^u$，$p = e^v$，则问题（1.1.20）~（1.1.21），（1.1.17）~（1.1.18）可写成

$$-\frac{\varepsilon^2}{2}\left(u_{xx} + \frac{u_x^2}{2}\right)_{xx} + u_{xx} - (e^u - e^v - C(x)) = J_0(e^{-u})_x, \qquad (1.1.22)$$

$$-\frac{\varepsilon^2}{2}\left(v_{xx} + \frac{v_x^2}{2}\right)_{xx} + v_{xx} + (e^u - e^v - C(x)) = J_1(e^{-v})_x, \qquad (1.1.23)$$

$$u(0) = u(1) = 0, \ u_x(0) = u_x(1) = 0, \qquad (1.1.24)$$

$$v(0) = v(1) = 0, \ v_x(0) = v_x(1) = 0. \qquad (1.1.25)$$

定义 1.1.1 设 $(u,v) \in H_0^2(0,1) \times H_0^2(0,1)$，如果对于 $\forall \psi \in H_0^2(0,1)$，成立

$$\frac{\varepsilon^2}{2}\int_0^1\left(u_{xx} + \frac{u_x^2}{2}\right)\psi_{xx}\mathrm{d}x +$$

$$\int_0^1 u_x\psi_x\mathrm{d}x + \int_0^1\left(e^u - e^v - C(x)\right)\psi\mathrm{d}x = J_0\int_0^1 e^{-u}\psi_x\mathrm{d}x, \qquad (1.1.26)$$

$$\frac{\varepsilon^2}{2}\int_0^1\left(v_{xx} + \frac{v_x^2}{2}\right)\psi_{xx}\mathrm{d}x +$$

$$\int_0^1 v_x\psi_x\mathrm{d}x - \int_0^1\left(e^u - e^v - C(x)\right)\psi\mathrm{d}x = J_1\int_0^1 e^{-v}\psi_x\mathrm{d}x, \qquad (1.1.27)$$

则称 $(u,v) \in H_0^2(0,1) \times H_0^2(0,1)$ 为问题（1.1.22）~（1.1.25）的一个弱解.

对于问题（1.1.22）~（1.1.25），我们的主要结果叙述如下：

定理 1.1.3[17] （解的存在性）设 $C(x) \in L^2(0,1)$，则问题（1.1.22）~（1.1.25）存在弱解 $(u,v) \in H_0^2(0,1) \times H_0^2(0,1)$.

定理 1.1.4[17] （解的唯一性）设 $C(x) \in L^2(0,1)$，若

$$\varepsilon^2\left\|C(x)\right\|_{L^2(0,1)}^2 + (1 + \sqrt{2}\,|J_0|)e^{\sqrt{2}\|C(x)\|_{L^2(0,1)}} \leqslant 2, \qquad (1.1.28)$$

4

$$\varepsilon^2 \left\| C(x) \right\|_{L^2(0,1)}^2 + (1+\sqrt{2} |J_1|) \mathrm{e}^{\sqrt{2} \| C(x) \|_{L^2(0,1)}} \leqslant 2 , \qquad (1.1.29)$$

则问题（1.1.22）~（1.1.25）的弱解是唯一的.

定理 1.1.5[17]　（解的半古典极限）设 $(u_\varepsilon, v_\varepsilon)$ 为定理 1.1.3 中所得问题（1.1.22）~（1.1.25）的弱解，则当 $\varepsilon \to 0$ 时，$(u_\varepsilon, v_\varepsilon)$ 存在子列仍记为 $(u_\varepsilon, v_\varepsilon)$，使得

$$u_\varepsilon \to u , \quad v_\varepsilon \to v \quad \text{在 } H^1(0,1) \text{ 中弱收敛，在 } L^\infty(0,1) \text{ 中强收敛，} (1.1.30)$$

且 (u,v) 是问题

$$u_{xx} - (\mathrm{e}^u - \mathrm{e}^v - C(x)) = J_0 (\mathrm{e}^{-u})_x , \qquad (1.1.31)$$

$$v_{xx} + (\mathrm{e}^u - \mathrm{e}^v - C(x)) = J_1 (\mathrm{e}^{-v})_x , \qquad (1.1.32)$$

$$u(0) = u(1) = 0 , \quad v(0) = v(1) = 0 \qquad (1.1.33)$$

的弱解。

本章我们作如下安排：1.2 节证明定理 1.1.1，1.3 节证明定理 1.1.2，1.4 节证明定理 1.1.3，定理 1.1.4 和定理 1.1.5.

1.2　定理 1.1.1 的证明

我们首先把方程组（1.1.6）~（1.1.7）转化为一个四阶椭圆方程. 事实上，将（1.1.6）式除以 n 再关于 x 求导得

$$-\varepsilon^2 \left(\frac{(\sqrt{n})_{xx}}{\sqrt{n}} \right)_{xx} + \left(\frac{(p(n))_x}{n} \right)_x - \frac{n-C(x)}{\lambda^2} = J_0 \left(\frac{1}{n} \right)_x , \qquad (1.2.1)$$

这里，我们用到了 Poisson 方程（1.1.7）。电位势 V 可以通过式（1.1.6）除以 n 再积分得到表达式（注意边界条件（1.1.8）~（1.1.9）可以使积分常数消失）：

$$V(x) = \begin{cases} \varepsilon^2 \dfrac{(\sqrt{n})_{xx}}{\sqrt{n}}(x) - \log n(x) + J_0 \displaystyle\int_0^x \dfrac{\mathrm{d}s}{n(s)}, & \gamma = 1, \\[4mm] \varepsilon^2 \dfrac{(\sqrt{n})_{xx}}{\sqrt{n}}(x) - \dfrac{\gamma}{\gamma-1} n^{\gamma-1}(x) + J_0 \displaystyle\int_0^x \dfrac{\mathrm{d}s}{n(s)}, & \gamma > 1. \end{cases} \qquad (1.2.2)$$

令 $n = e^u$ ，则式（1.2.1）~（1.2.2）可写成

$$-\frac{\varepsilon^2}{2}\left(u_{xx} + \frac{u_x^2}{2}\right)_{xx} + [(p(e^u))_x e^{-u}]_x - \frac{e^u - C(x)}{\lambda^2} = J_0(e^{-u})_x, \qquad (1.2.3)$$

$$V(x) = \begin{cases} \dfrac{\varepsilon^2}{2}\left(u_{xx} + \dfrac{u_x^2}{2}\right)(x) - u(x) + J_0\displaystyle\int_0^x e^{-u(s)}ds, & \gamma = 1, \\[4mm] \dfrac{\varepsilon^2}{2}\left(u_{xx} + \dfrac{u_x^2}{2}\right)(x) - \dfrac{\gamma}{\gamma-1}e^{(\gamma-1)u(x)} + J_0\displaystyle\int_0^x e^{-u(s)}ds, & \gamma > 1. \end{cases} \qquad (1.2.4)$$

相应边界条件为

$$u(0) = u(1) = 0, \quad u_x(0) = u_x(1) = 0, \qquad (1.2.5)$$

$$V(0) = V_0 = \begin{cases} \dfrac{\varepsilon^2}{2}u_{xx}(0), & \gamma = 1 \\[4mm] \dfrac{\varepsilon^2}{2}u_{xx}(0) - \dfrac{\gamma}{\gamma-1}, & \gamma > 1 \end{cases} \qquad (1.2.6)$$

容易证明问题（1.1.6）~（1.1.9）与问题（1.2.3）~（1.2.6）对于古典解 $n > 0$ 来说是等价的。

定义 1.2.1 设 $u \in H_0^2(0,1)$ ，如果对于 $\forall \psi \in H_0^2(0,1)$ ，成立

$$\begin{aligned} &-\frac{\varepsilon^2}{2}\int_0^1\left(u_{xx} + \frac{u_x^2}{2}\right)\psi_{xx}dx - \gamma\int_0^1 e^{(\gamma-1)u}u_x\psi_x dx \\ &= \frac{1}{\lambda^2}\int_0^1\left(e^u - C(x)\right)\psi\, dx - J_0\int_0^1 e^{-u}\psi_x dx, \end{aligned} \qquad (1.2.7)$$

则称 u 为问题（1.2.3）、（1.2.5）的一个弱解，这里我们用到了 $p(n) = n^\gamma$ ，$\gamma \geqslant 1$ 。考虑如下截断问题：

$$\begin{aligned} &-\frac{\varepsilon^2}{2}\int_0^1\left(u_{xx} + \frac{u_x^2}{2}\right)\psi_{xx}dx - \gamma\int_0^1 e^{(\gamma-1)u_M}u_x\psi_x dx \\ &= \frac{1}{\lambda^2}\int_0^1\left(e^u - C(x)\right)\psi\, dx - J_0\int_0^1 e^{-u}\psi_x dx, \end{aligned} \qquad (1.2.8)$$

这里常数 $M > 0$ 的定义见定理 1.1.1，$u_M = \min\{M, \max\{-M, u\}\}$ 。我们需要如下引理：

引理 1.2.1 设 $u \in H_0^2(0,1)$ 为（1.2.8）的解，则

$$\frac{\varepsilon^2}{2}\|u_{xx}\|^2_{L^2(0,1)} + \gamma \, e^{-(\gamma-1)M}\|u_x\|^2_{L^2(0,1)} \le \frac{c_0}{\lambda^2}, \qquad (1.2.9)$$

这里 $c_0 = e^{-1} + \|C(x)\log C(x)\|_{L^\infty(0,1)}$，另外成立 $\|u\|_{L^\infty(0,1)} \le M$.

证明：用 $\psi = u$ 作为（1.2.8）的试验函数，得

$$\frac{\varepsilon^2}{2}\int_0^1\left(u_{xx}^2 + \frac{u_x^2}{2}u_{xx}\right)dx = -\gamma\int_0^1 e^{(\gamma-1)u_M}u_x^2 dx - \frac{1}{\lambda^2}\int_0^1\left(e^u - C(x)\right)u\,dx +$$

$$J_0\int_0^1 e^{-u}u_x dx = I_1 + I_2 + I_3. \qquad (1.2.10)$$

显然，$I_1 \le -\gamma \, e^{-(\gamma-1)M}\int_0^1 u_x^2 dx$.

不难看出，$e^{-1} + \|C(x)\log C(x)\|_{L^\infty(0,1)}$ 是函数 $u \mapsto -u(e^u - C(x))$，$u \in R$，$x \in (0,1)$ 的一个上界，这里我们用到了 $C(x) > 0$。所以

$$I_2 \le \lambda^{-2}\left(e^{-1} + \|C(x)\log C(x)\|_{L^\infty(0,1)}\right).$$

由边界条件（1.2.5）知

$$I_3 = -J_0\int_0^1\left(e^{-u}\right)_x dx = 0.$$

注意：由于边界条件（1.2.5），积分

$$\int_0^1 u_x^2 u_{xx}dx = \frac{1}{3}[u_x^2(1) - u_x^2(0)] = 0,$$

所以（1.2.10）式可估计为

$$\frac{\varepsilon^2}{2}\|u_{xx}\|^2_{L^2(0,1)} + \gamma \, e^{-(\gamma-1)M}\|u_x\|^2_{L^2(0,1)} \le \lambda^{-2}\left(e^{-1} + \|C(x)\log C(x)\|_{L^\infty(0,1)}\right).$$

再由 Poincare-Sobolev 不等式得

$$\|u\|_{L^\infty(0,1)} \le \|u_x\|_{L^2(0,1)} \le M := \sqrt{\frac{c_0 e^{(\gamma-1)M}}{\lambda^2\gamma}},$$

这里 $c_0 = e^{-1} + \|C(x)\log C(x)\|_{L^\infty(0,1)}$，引理 1.2.1 得证.

下面我们可以利用 Leray-Schauder 不动点定理证明（1.2.7）解的存在性.

引理 1.2.2 在引理 1.2.1 的条件下，（1.2.7）存在解 $u \in H_0^2(0,1)$．

证明：对于给定的 $w \in W_0^{1,4}(0,1)$ 和试验函数 $\psi \in H_0^2(0,1)$，我们考虑如下线性问题：

$$-\frac{\varepsilon^2}{2}\int_0^1 u_{xx}\psi_{xx}\mathrm{d}x - \frac{\sigma\varepsilon^2}{4}\int_0^1 w_x^2\psi_{xx}\mathrm{d}x - \sigma\gamma\int_0^1 \mathrm{e}^{(\gamma-1)w}w_x\psi_x\mathrm{d}x$$

$$= \frac{\sigma}{\lambda^2}\int_0^1 \left(\mathrm{e}^w - C(x)\right)\psi\mathrm{d}x - \sigma J_0\int_0^1 \mathrm{e}^{-w}\psi_x\mathrm{d}x , \qquad (1.2.11)$$

这里 $\sigma \in [0,1]$。我们定义双线性形式

$$a(u,\psi) = \frac{\varepsilon^2}{2}\int_0^1 u_{xx}\psi_{xx}\mathrm{d}x \qquad (1.2.12)$$

和线性泛函

$$F(\psi) = -\frac{\sigma\varepsilon^2}{4}\int_0^1 w_x^2\psi_{xx}\mathrm{d}x - \sigma\gamma\int_0^1 \mathrm{e}^{(\gamma-1)w}w_x\psi_x\mathrm{d}x -$$

$$\frac{\sigma}{\lambda^2}\int_0^1 \left(\mathrm{e}^w - C(x)\right)\psi\mathrm{d}x + \sigma J_0\int_0^1 \mathrm{e}^{-w}\psi_x\mathrm{d}x. \qquad (1.2.13)$$

因为双线性形式 $a(u,\psi)$ 在 $H_0^2(0,1) \times H_0^2(0,1)$ 上是连续且强制的，且线性泛函 $F(\psi)$ 在 $H_0^2(0,1)$ 上是连续的，我们利用 Lax-Milgram 定理可以得到（1.2.11）存在解 $u \in H_0^2(0,1)$。因此，算子

$$S : W_0^{1,4}(0,1) \times [0,1] \to W_0^{1,4}(0,1) , \qquad (w,\sigma) \mapsto u$$

是有定义的．此外，此算子是连续且紧的（这是因为嵌入 $H_0^2(0,1) \subset W_0^{1,4}(0,1)$ 是紧的），且有 $S(w,0) = 0$．仿照引理 1.2.1 的证明步骤，我们可以证明对于所有满足 $S(u,\sigma) = u$ 的 $(u,\sigma) \in W_0^{1,4}(0,1) \times [0,1]$ 有 $\|u\|_{H_0^2(0,1)} \leqslant const.$ 因此，由 Leray-Schauder 不动点定理知 $S(u,1) = u$ 存在一个不动点 u．此不动点是（1.2.8）的一个解，也是（1.2.7）的一个解，这是因为 $\|u\|_{L^\infty(0,1)} \leqslant M$．引理 1.2.2 证毕．

有了引理 1.2.2，我们可以得到问题（1.2.3）~（1.2.6）解的存在性．

定理 1.2.1 在引理 1.2.1 的条件下，问题（1.2.3）~（1.2.6）存在解 $(u,V) \in H^4(0,1) \times H^2(0,1)$．

证明：设 u 是（1.2.7）或（1.2.3）的一个弱解．因为 $u \in H_0^2(0,1)$，所以

$u_x^2 \in H_0^1(0,1)$. 那么，由（1.2.3）可以推出 $u_{xxxx} \in H^{-1}(0,1)$. 因此存在 $w \in L^2(0,1)$ 使得 $w_x = u_{xxxx}$. 这意味着 $u_{xxx} = w + const. \in L^2(0,1)$，再由（1.2.3）知，$u_{xxxx} \in L^2(0,1)$. 这样我们得到 $u \in H^4(0,1)$ 并且由 u 的正则性及（1.2.4）推出 V 的正则性. 定理 1.2.1 得证.

因为 $u \in H^4(0,1)$，$\|u\|_{L^\infty(0,1)} \leqslant M$ 和 $n = \mathrm{e}^u$，所以对于 $x \in (0,1)$，我们有 $n \in H^4(0,1)$ 和 $n(x) \geqslant \mathrm{e}^{-M} > 0$. 由问题（1.1.6）~（1.1.9）和（1.2.3）~（1.2.6）的等价性以及定理 1.2.1 可以推出（1.1.6）~（1.1.9）存在古典解 (n,V).

为了证明当等温时（即 $p(n) = n$）问题（1.1.6）~（1.1.9）解的唯一性，事实上，我们只需证明问题（1.2.3）有唯一解. 为此，设 $u,v \in H_0^2(0,1)$ 是

$$-\frac{\varepsilon^2}{2}\left(u_{xx} + \frac{u_x^2}{2}\right)_{xx} + u_{xx} - \frac{\mathrm{e}^u - C(x)}{\lambda^2} = J_0(\mathrm{e}^{-u})_x \qquad （1.2.14）$$

的两个解，这里在（1.2.3）式中用到了 $p(\mathrm{e}^u) = \mathrm{e}^u$. 由 u_x 的边界条件，有

$$u_x^2(x) = 2\int_0^x u_x(s)u_{xx}(s)\mathrm{d}s \leqslant 2\|u_x\|_{L^2(0,1)}\|u_{xx}\|_{L^2(0,1)},$$

从而由 Young 不等式得

$$\|u_x\|_{L^\infty(0,1)} \leqslant \frac{\sqrt{2}}{2\sqrt{\varepsilon}}\|u_x\|_{L^2(0,1)} + \frac{\sqrt{2\varepsilon}}{2}\|u_{xx}\|_{L^2(0,1)}$$

$$\leqslant \frac{\sqrt{2}}{2\sqrt{\varepsilon}}M + \frac{\sqrt{2\varepsilon}}{2} \cdot \frac{\sqrt{2}M}{\varepsilon} = \left(\frac{\sqrt{2}}{2} + 1\right)\frac{M}{\sqrt{\varepsilon}}.$$

（注意：等温时有 $M = \frac{\sqrt{c_0}}{\lambda}$，$\|u_x\|_{L^2(0,1)} \leqslant M$，$\|u_{xx}\|_{L^2(0,1)} \leqslant \frac{\sqrt{2}}{\varepsilon}M$.）对于 v_x，可以得到类似的估计. 因此

$$\|(u+v)_x\|_{L^\infty(0,1)} \leqslant (2+\sqrt{2})\frac{M}{\sqrt{\varepsilon}}. \qquad （1.2.15）$$

现在我们估计差 $u-v$. 用 $u-v$ 分别作为 u 和 v 所满足方程的试验函数并将两式相减，得

$$\frac{\varepsilon^2}{2}\int_0^1 (u-v)_{xx}^2 \mathrm{d}x + \frac{\varepsilon^2}{4}\int_0^1 (u_x^2 - v_x^2)(u-v)_{xx}\mathrm{d}x + \int_0^1 (u-v)_x^2 \mathrm{d}x$$

$$= -\frac{1}{\lambda^2}\int_0^1 (\mathrm{e}^u - \mathrm{e}^v)(u-v)\mathrm{d}x + J_0\int_0^1 (\mathrm{e}^{-u} - \mathrm{e}^{-v})(u-v)_x\mathrm{d}x. \qquad （1.2.16）$$

由（1.2.15）和 Young 不等式得

$$\frac{\varepsilon^2}{4}\int_0^1 (u_x^2 - v_x^2)(u-v)_{xx}\,\mathrm{d}x \geq -\frac{(2+\sqrt{2})M\varepsilon^{\frac{3}{2}}}{4}\int_0^1 |(u-v)_{xx}|\cdot|(u-v)_x|\,\mathrm{d}x$$

$$\geq -\frac{\varepsilon^2}{2}\int_0^1 (u-v)_{xx}^2\,\mathrm{d}x - \frac{(2+\sqrt{2})^2 M^2 \varepsilon}{32}\int_0^1 (u-v)_x^2\,\mathrm{d}x. \qquad (1.2.17)$$

由中值定理和 $\|u\|_{L^\infty(0,1)} \leq M$ 得 $|e^{-u} - e^{-v}| \leq e^M |u-v|$. 所以再由 Holder 不等式与 Poincare 不等式得

$$J_0 \int_0^1 (e^{-u} - e^{-v})(u-v)_x\,\mathrm{d}x \leq |J_0| e^M \left[\int_0^1 (u-v)^2\,\mathrm{d}x\right]^{\frac{1}{2}} \left[\int_0^1 (u-v)_x^2\,\mathrm{d}x\right]^{\frac{1}{2}}$$

$$\leq |J_0| e^M \int_0^1 (u-v)_x^2\,\mathrm{d}x. \qquad (1.2.18)$$

由式（1.2.16）~（1.2.18）得

$$\left[1 - \frac{(2+\sqrt{2})^2 M^2 \varepsilon}{32} - |J_0| e^M\right]\int_0^1 (u-v)_x^2\,\mathrm{d}x \leq 0. \qquad (1.2.19)$$

所以如果 ε 和 $|J_0|$ 充分小，则 $u=v$. 解的唯一性得证.

1.3　定理 1.1.2 的证明

我们首先把方程组（1.1.6）~（1.1.7）转化为一个四阶椭圆方程. 事实上，将（1.1.6）式除以 n 再关于 x 求导得

$$-\varepsilon^2 \left(\frac{(\sqrt{n})_{xx}}{\sqrt{n}}\right)_{xx} + \left(\frac{(p(n))_x}{n}\right)_x - \frac{n - C(x)}{\lambda^2} = J_0 \left(\frac{1}{n}\right)_x, \qquad (1.3.1)$$

这里用到了 Poisson 方程（1.1.7）. 电位势 V 可以通过（1.1.6）除以 n 再积分得到表达式（注意边界条件（1.1.10）~（1.1.11）可以使积分常数消失）：

$$V(x) = \begin{cases} \varepsilon^2 \dfrac{(\sqrt{n})_{xx}}{\sqrt{n}}(x) - \log n(x) + J_0 \displaystyle\int_0^x \frac{\mathrm{d}s}{n(s)}, & \gamma = 1, \\[3mm] \varepsilon^2 \dfrac{(\sqrt{n})_{xx}}{\sqrt{n}}(x) - \dfrac{\gamma}{\gamma-1} n^{\gamma-1}(x) + J_0 \displaystyle\int_0^x \frac{\mathrm{d}s}{n(s)}, & \gamma > 1. \end{cases} \qquad (1.3.2)$$

令 $n = e^u$，则式（1.3.1）～（1.3.2）可写成

$$-\frac{\varepsilon^2}{2}\left(u_{xx}+\frac{u_x^2}{2}\right)_{xx}+[(p(e^u))_x e^{-u}]_x-\frac{e^u-C(x)}{\lambda^2}=J_0(e^{-u})_x, \qquad （1.3.3）$$

$$V(x)=\begin{cases}\dfrac{\varepsilon^2}{2}\left(u_{xx}+\dfrac{u_x^2}{2}\right)(x)-u(x)+J_0\displaystyle\int_0^x e^{-u(s)}\mathrm{d}s, & \gamma=1,\\[3mm]\dfrac{\varepsilon^2}{2}\left(u_{xx}+\dfrac{u_x^2}{2}\right)(x)-\dfrac{\gamma}{\gamma-1}e^{(\gamma-1)u(x)}+J_0\displaystyle\int_0^x e^{-u(s)}\mathrm{d}s, & \gamma>1.\end{cases} \qquad （1.3.4）$$

相应边界条件为

$$u(0)=u_0, \quad u(1)=u_1, \quad u_x(0)=u_x(1)=0, \qquad （1.3.5）$$

$$V(0)=V_0=\begin{cases}\dfrac{\varepsilon^2}{2}u_{xx}(0)-u_0, & \gamma=1,\\[3mm]\dfrac{\varepsilon^2}{2}u_{xx}(0)-\dfrac{\gamma}{\gamma-1}e^{(\gamma-1)u_0}, & \gamma>1,\end{cases} \qquad （1.3.6）$$

其中 $u_0=\log n_0$，$u_1=\log n_1$.

容易证明问题（1.1.6）～（1.1.7），（1.1.10）～（1.1.11）与问题（1.3.3）～（1.3.6）对于古典解 $n>0$ 来说是等价的. 下面证明问题（1.3.3）～（1.3.6）解的存在性.

我们考虑如下截断问题：

$$-\frac{\varepsilon^2}{2}\left(u_{xx}+\frac{u_x^2}{2}\right)_{xx}+\gamma\left(e^{(\gamma-1)u_M}u_x\right)_x-\frac{e^u-C(x)}{\lambda^2}=J_0(e^{-u_M})_x, \qquad （1.3.7）$$

这里我们用到了 $p(n)=n^\gamma$，$\gamma\geqslant 1$，常数 $M>0$ 的定义见（1.1.12）式，$u_M=\min\{M,\max\{-M,u\}\}$. 我们需要如下引理：

引理 1.3.1 设 $u\in H^2(0,1)$ 为（1.3.7）的解，则

$$\frac{\varepsilon^2}{4}(1-2\mu\alpha)\|u_{xx}\|_{L^2(0,1)}^2+\frac{\gamma}{8e^{(\gamma-1)M}}\|u_x\|_{L^2(0,1)}^2\leqslant c_0, \qquad （1.3.8）$$

这里 c_0 的定义见（1.1.13）式，另外成立 $\|u\|_{L^\infty(0,1)}\leqslant M$，常数 $M>0$ 的定义见（1.1.12）式.

证明：定义函数 $u_D \in C^2[0,1]$，使其满足边界条件 $u_D(0) = u_0$，$u_D(1) = u_1$，$u_{Dx}(0) = u_{Dx}(1) = 0$，有

$$u_{Dxx}(x) = \begin{cases} \dfrac{4\alpha}{\mu^2(1-\mu)}x, & x \in \left[0, \dfrac{\mu}{2}\right), \\[3mm] \dfrac{4\alpha}{\mu^2(1-\mu)}(\mu - x), & x \in \left[\dfrac{\mu}{2}, \mu\right), \\[3mm] 0, & x \in \left[\mu, \dfrac{1}{2}\right], \end{cases} \qquad (1.3.9)$$

其中 $\alpha = |u_1 - u_0|$，$\mu \in \left(0, \dfrac{1}{2}\right]$，$\mu < \dfrac{1}{2\alpha}$. 对于 $x \in \left(\dfrac{1}{2}, 1\right)$，定义 $u_{Dxx}(x) = -u_{Dxx}(1-x)$. 经过基本的运算可得

$$u_{Dxx}(x) = \begin{cases} 0, & x \in \left(\dfrac{1}{2}, 1-\mu\right], \\[3mm] \dfrac{4\alpha}{\mu^2(1-\mu)}(1-\mu - x), & x \in \left(1-\mu, 1-\dfrac{\mu}{2}\right], \\[3mm] \dfrac{4\alpha}{\mu^2(1-\mu)}(x-1), & x \in \left(1-\dfrac{\mu}{2}, 1\right], \end{cases}$$

$$u_{Dx} = \begin{cases} \dfrac{2\alpha x^2}{\mu^2(1-\mu)}, & x \in \left[0, \dfrac{\mu}{2}\right), \\[3mm] \dfrac{\alpha}{1-\mu} - \dfrac{2\alpha(\mu - x)^2}{\mu^2(1-\mu)}, & x \in \left[\dfrac{\mu}{2}, \mu\right), \\[3mm] \dfrac{\alpha}{1-\mu}, & x \in [\mu, 1-\mu], \\[3mm] \dfrac{\alpha}{1-\mu} - \dfrac{2\alpha}{\mu^2(1-\mu)}(1-\mu - x)^2, & x \in \left(1-\mu, 1-\dfrac{\mu}{2}\right], \\[3mm] \dfrac{2\alpha}{\mu^2(1-\mu)}(x-1)^2, & x \in \left(1-\dfrac{\mu}{2}, 1\right], \end{cases}$$

$$\int_0^{1/2} x \left| u_{Dxx}(x) \right| \mathrm{d}x + \int_{1/2}^1 (1-x) \left| u_{Dxx}(x) \right| \mathrm{d}x = \frac{\mu\alpha}{1-\mu} \leqslant 2\mu\alpha, \qquad (1.3.10)$$

$$\int_0^1 \left| u_{Dxx}(x) \right|^2 \mathrm{d}x = \frac{8\alpha^2}{3\mu(1-\mu)}, \qquad (1.3.11)$$

$$\int_0^1 |u_{Dx}(x)|^2 \, \mathrm{d}x = \frac{(30-37\mu)\alpha^2}{30(1-\mu)^2} \leqslant \frac{23}{15}\alpha^2, \tag{1.3.12}$$

$$\int_0^1 |u_{Dx}(x)| \, \mathrm{d}x = \alpha. \tag{1.3.13}$$

（1.3.7）式乘以 $u-u_D$ 并分部积分，得

$$\frac{\varepsilon^2}{2}\int_0^1 \left(u_{xx} + \frac{1}{2}u_x^2 \right)(u-u_D)_{xx}\,\mathrm{d}x$$

$$= -\gamma \int_0^1 \mathrm{e}^{(\gamma-1)u_M} u_x(u_x - u_{Dx})\mathrm{d}x - \frac{1}{\lambda^2}\int_0^1 (\mathrm{e}^u - C(x))(u-u_D)\mathrm{d}x +$$

$$J_0 \int_0^1 \mathrm{e}^{-u_M}(u_x - u_{Dx})\mathrm{d}x. \tag{1.3.14}$$

我们首先估计（1.3.14）式的左端. 由 Young 不等式及（1.3.11）式，得

$$-\frac{\varepsilon^2}{2}\int_0^1 u_{xx}u_{Dxx}\mathrm{d}x \geqslant -\frac{\varepsilon^2}{4}\int_0^1 u_{xx}^2\mathrm{d}x - \frac{\varepsilon^2}{4}\int_0^1 u_{Dxx}^2\mathrm{d}x = -\frac{\varepsilon^2}{4}\int_0^1 u_{xx}^2\mathrm{d}x - \frac{2\varepsilon^2\alpha^2}{3\mu(1-\mu)}.$$

$$\tag{1.3.15}$$

由于（1.3.5）式中的边界条件 $u_x(0) = u_x(1) = 0$，积分

$$\frac{\varepsilon^2}{4}\int_0^1 u_x^2 u_{xx}\mathrm{d}x = \frac{\varepsilon^2}{12}\int_0^1 \left(u_x^3\right)_x \mathrm{d}x = 0. \tag{1.3.16}$$

再利用（1.3.5）式中的边界条件 $u_x(0) = u_x(1) = 0$ 及 Holder 不等式，得

当 $x \in \left[0, \frac{1}{2}\right]$ 时，有

$$|u_x(x)| = \left| \int_0^x u_{xx}(s)\mathrm{d}s \right| \leqslant \left(\int_0^x 1^2\mathrm{d}s \right)^{1/2} \left(\int_0^x u_{xx}^2(s)\mathrm{d}s \right)^{1/2} \leqslant \sqrt{x}\left(\int_0^1 u_{xx}^2(x)\mathrm{d}x \right)^{1/2};$$

当 $x \in \left[\frac{1}{2}, 1\right]$ 时，有

$$|u_x(x)| = \left| \int_x^1 u_{xx}(s)\mathrm{d}s \right| \leqslant \left(\int_x^1 1^2\mathrm{d}s \right)^{1/2} \left(\int_x^1 u_{xx}^2(s)\mathrm{d}s \right)^{1/2} \leqslant \sqrt{1-x}\left(\int_0^1 u_{xx}^2(x)\mathrm{d}x \right)^{1/2}.$$

由上述两不等式及（1.3.10）式，得

$$-\frac{\varepsilon^2}{4}\int_0^1 u_x^2 u_{Dxx}\mathrm{d}x = -\frac{\varepsilon^2}{4}\int_0^{1/2} u_x^2 u_{Dxx}\mathrm{d}x - \frac{\varepsilon^2}{4}\int_{1/2}^1 u_x^2 u_{Dxx}\mathrm{d}x$$

$$\geqslant -\frac{\varepsilon^2}{4}\int_0^1 u_{xx}^2(x)\mathrm{d}x\left(\int_0^{1/2} x\left|u_{Dxx}(x)\right|\mathrm{d}x + \int_{1/2}^1 (1-x)\left|u_{Dxx}(x)\right|\mathrm{d}x\right)$$

$$\geqslant -\frac{\varepsilon^2}{2}\mu\alpha\int_0^1 u_{xx}^2(x)\mathrm{d}x. \tag{1.3.17}$$

下面逐项估计（1.3.14）式的右端. 由 Young 不等式及（1.3.12）式，得

$$-\gamma\int_0^1 \mathrm{e}^{(\gamma-1)u_M} u_x(u_x - u_{Dx})\mathrm{d}x$$

$$\leqslant -\gamma\mathrm{e}^{-(\gamma-1)M}\int_0^1 u_x^2\mathrm{d}x + \gamma\mathrm{e}^{(\gamma-1)M}\int_0^1 \left|u_x\right|\cdot\left|u_{Dx}\right|\mathrm{d}x$$

$$\leqslant -\frac{\gamma}{2}\mathrm{e}^{-(\gamma-1)M}\int_0^1 u_x^2\mathrm{d}x + \frac{\gamma}{2}\mathrm{e}^{3(\gamma-1)M}\int_0^1 u_{Dx}^2\mathrm{d}x$$

$$\leqslant -\frac{\gamma}{2}\mathrm{e}^{-(\gamma-1)M}\int_0^1 u_x^2\mathrm{d}x + \frac{23\gamma\alpha^2}{30}\mathrm{e}^{3(\gamma-1)M}. \tag{1.3.18}$$

由 Poincare 不等式 $\left\|u-u_D\right\|_{L^2(0,1)} \leqslant \frac{1}{2}\left\|(u-u_D)_x\right\|_{L^2(0,1)}$，Young 不等式及（1.3.12）式，得

$$-\frac{1}{\lambda^2}\int_0^1 (\mathrm{e}^u - C(x))(u-u_D)\mathrm{d}x$$

$$= -\frac{1}{\lambda^2}\int_0^1 (\mathrm{e}^u - \mathrm{e}^{u_D})(u-u_D)\mathrm{d}x - \frac{1}{\lambda^2}\int_0^1 (\mathrm{e}^{u_D} - C(x))(u-u_D)\mathrm{d}x$$

$$\leqslant -\frac{1}{\lambda^2}\int_0^1 (\mathrm{e}^{u_D} - C(x))(u-u_D)\mathrm{d}x$$

$$\leqslant \frac{\gamma}{2}\mathrm{e}^{-(\gamma-1)M}\int_0^1 (u-u_D)^2\mathrm{d}x + \frac{\mathrm{e}^{(\gamma-1)M}}{2\lambda^4\gamma}\int_0^1 (\mathrm{e}^{u_D} - C(x))^2\mathrm{d}x$$

$$\leqslant \frac{\gamma}{8}\mathrm{e}^{-(\gamma-1)M}\int_0^1 (u-u_D)_x^2\mathrm{d}x + \frac{\mathrm{e}^{(\gamma-1)M}}{2\lambda^4\gamma}\int_0^1 (\mathrm{e}^{u_D} - C(x))^2\mathrm{d}x$$

$$\leq \frac{\gamma}{4} e^{-(\gamma-1)M} \int_0^1 u_x^2 dx + \frac{\gamma}{4} e^{-(\gamma-1)M} \int_0^1 u_{Dx}^2 dx + \frac{e^{(\gamma-1)M}}{2\lambda^4\gamma} \int_0^1 (e^{u_D} - C(x))^2 dx$$

$$\leq \frac{\gamma}{4} e^{-(\gamma-1)M} \int_0^1 u_x^2 dx + \frac{23\gamma\alpha^2}{60 e^{(\gamma-1)M}} + \frac{e^{(\gamma-1)M}}{2\lambda^4\gamma} \int_0^1 (e^{u_D} - C(x))^2 dx. \qquad (1.3.19)$$

由 Young 不等式和（1.3.13）式，得

$$J_0 \int_0^1 e^{-u_M} (u_x - u_{Dx}) dx \leq |J_0| e^M \int_0^1 (|u_x| + |u_{Dx}|) dx$$

$$\leq \frac{\gamma}{8} e^{-(\gamma-1)M} \int_0^1 u_x^2 dx + 2\gamma^{-1} J_0^2 e^{(\gamma+1)M} + |J_0| \alpha e^M. \qquad (1.3.20)$$

由（1.3.14）~（1.3.20）式可得到（1.3.8）式成立. 注意到 $u(x) = u_0 + \int_0^x u_x(s)ds$ ，由（1.3.8）式可得

$$\|u\|_{L^\infty(0,1)} \leq |u_0| + \left|\int_0^x u_x(s)ds\right| \leq |u_0| + \int_0^1 |u_x| dx$$

$$\leq |u_0| + \|u_x\|_{L^2(0,1)} \leq |u_0| + \sqrt{\frac{8c_0 e^{(\gamma-1)M}}{\gamma}} ,$$

其中 c_0 的定义见（1.1.13）式. 再设 M 为

$$M = |u_0| + \sqrt{\frac{8c_0 e^{(\gamma-1)M}}{\gamma}}$$

的解，则引理 1.3.1 得证.

有了引理 1.3.1，我们可以利用文献[15]中的方法得到如下结果：

定理 1.3.1[16]　在定理 1.1.2 的假设条件下，问题（1.3.3）~（1.3.6）存在解 $(u, V) \in H^4(0,1) \times H^2(0,1)$.

下面证明问题（1.3.3）~（1.3.6）解的唯一性. 事实上，只需证明问题（1.3.3），（1.3.5）解的唯一性.

定理 1.3.2[16]　在定理 1.1.2 的假设条件下，问题（1.3.3），（1.3.5）的解是唯一的.

证明：设 $u \in H^2(0,1)$ 是问题（1.3.3），（1.3.5）的一个弱解，由（1.3.5）式中的边界条件 $u_x(0) = 0$ ，得 $u_x(x) = \int_0^x u_{xx}(s)ds$ ，再由（1.3.8）式知

$$\|u_x\|_{L^\infty(0,1)} \leq \int_0^1 |u_{xx}| dx \leq \|u_{xx}\|_{L^2(0,1)} \leq \frac{2}{\varepsilon} \sqrt{\frac{c_0}{1-2\mu\alpha}} , \qquad (1.3.21)$$

其中 c_0 见定义（1.3.13）式.

设 $u_1, u_2 \in H^2(0,1)$ 是问题（1.3.3），（1.3.5）的两个弱解，现在估计差 $u_1 - u_2$. 用 $u_1 - u_2$ 分别作为 u_1 及 u_2 所满足的（1.3.3）式的试验函数并将两式相减，得

$$\frac{\varepsilon^2}{2}\int_0^1 (u_{1xx} - u_{2xx})^2 dx + \frac{\varepsilon^2}{4}\int_0^1 (u_{1x}^2 - u_{2x}^2)(u_1 - u_2)_{xx} dx$$

$$= -\gamma \int_0^1 \left(e^{(\gamma-1)u_1} u_{1x} - e^{(\gamma-1)u_2} u_{2x} \right)(u_1 - u_2)_x dx - \frac{1}{\lambda^2}\int_0^1 \left(e^{u_1} - e^{u_2} \right)(u_1 - u_2) dx +$$

$$J_0 \int_0^1 \left(e^{-u_1} - e^{-u_2} \right)(u_1 - u_2)_x dx$$

$$= I_1 + I_2 + I_3. \qquad (1.3.22)$$

我们逐项估计（1.3.22）式的右端。由中值定理和 $\|u\|_{L^\infty(0,1)} \leqslant M$ 得

$$\left| e^{(\gamma-1)u_1} - e^{(\gamma-1)u_2} \right| \leqslant (\gamma-1) e^{(\gamma-1)M} \left| u_1 - u_2 \right|.$$

因此，利用 Poincare 不等式

$$\|u_1 - u_2\|_{L^2(0,1)} \leqslant \frac{1}{2}\|(u_1 - u_2)_x\|_{L^2(0,1)},$$

（1.3.21）和 Holder 不等式，得

$$I_1 = -\gamma \int_0^1 e^{(\gamma-1)u_1} (u_1 - u_2)_x^2 dx - \gamma \int_0^1 \left(e^{(\gamma-1)u_1} - e^{(\gamma-1)u_2} \right) u_{2x}(u_1 - u_2)_x^2 dx$$

$$\leqslant -\gamma e^{-(\gamma-1)M} \int_0^1 (u_1 - u_2)_x^2 dx + \frac{2\gamma(\gamma-1)}{\varepsilon}\sqrt{\frac{c_0}{1-2\mu\alpha}} e^{(\gamma-1)M}$$

$$\int_0^1 |u_1 - u_2| \left| (u_1 - u_2)_x \right| dx$$

$$\leqslant -\gamma e^{-(\gamma-1)M} \int_0^1 (u_1 - u_2)_x^2 dx + \frac{2\gamma(\gamma-1)}{\varepsilon}\sqrt{\frac{c_0}{1-2\mu\alpha}} e^{(\gamma-1)M} \left(\int_0^1 (u_1 - u_2)^2 dx \right)^{\frac{1}{2}}$$

$$\left(\int_0^1 (u_1 - u_2)_x^2 dx \right)^{\frac{1}{2}}$$

$$\leqslant \left(-\gamma e^{-(\gamma-1)M} + \frac{\gamma(\gamma-1)}{\varepsilon}\sqrt{\frac{c_0}{1-2\mu\alpha}} e^{(\gamma-1)M} \right) \int_0^1 (u_1 - u_2)_x^2 dx. \qquad (1.3.23)$$

类似地，$\left|e^{-u_1} - e^{-u_2}\right| \leqslant e^M \left|u_1 - u_2\right|$，从而

$$I_3 \leqslant |J_0| e^M \left(\int_0^1 (u_1 - u_2)^2 dx\right)^{\frac{1}{2}} \left(\int_0^1 (u_1 - u_2)_x^2 dx\right)^{\frac{1}{2}} \leqslant \frac{1}{2} |J_0| e^M \int_0^1 (u_1 - u_2)_x^2 dx.$$
$$(1.3.24)$$

明显地，我们有

$$I_2 \leqslant 0. \tag{1.3.25}$$

（1.3.22）左端的第二项可估计为

$$\frac{\varepsilon^2}{4} \int_0^1 (u_{1x}^2 - u_{2x}^2)(u_1 - u_2)_{xx} dx$$

$$= \frac{\varepsilon^2}{4} \int_0^1 (u_{1x} + u_{2x})(u_1 - u_2)_x (u_1 - u_2)_{xx} dx$$

$$\geqslant -\varepsilon \sqrt{\frac{c_0}{1 - 2\mu\alpha}} \int_0^1 |(u_1 - u_2)_x| |(u_1 - u_2)_{xx}| dx$$

$$\geqslant -\frac{\varepsilon^2}{2} \int_0^1 (u_1 - u_2)_{xx}^2 dx - \frac{c_0}{2(1 - 2\mu\alpha)} \int_0^1 (u_1 - u_2)_x^2 dx, \tag{1.3.26}$$

这里用到了（1.3.21）和 Young 不等式.

由（1.3.22）~（1.3.26）式可推得

$$\left(\gamma e^{-(\gamma-1)M} - \frac{\gamma(\gamma-1)}{\varepsilon} \sqrt{\frac{c_0}{1 - 2\mu\alpha}} e^{(\gamma-1)M} - \frac{1}{2} |J_0| e^M - \frac{c_0}{2(1 - 2\mu\alpha)}\right)$$

$$\int_0^1 (u_1 - u_2)_x^2 dx \leqslant 0. \tag{1.3.27}$$

注意到（1.1.13）式中 c_0 的定义，（1.3.27）式意味着如果 ε 和 $|J_0|$ 充分小且 λ 充分大，则 $u_1 = u_2$.

定理 1.1.2 的证明：有了定理 1.3.1 和定理 1.3.2，定理 1.1.2 的结果很容易推出，这里省略其细节.

1.4 双极稳态模型的弱解

为了利用 Schauder 不动点定理来证明定理 1.1.3，我们给出如下引理：

引理 1.4.1[17]   设 $C(x) \in L^2(0,1)$ ，再设 $(u,v) \in H_0^2(0,1) \times H_0^2(0,1)$ 是问题
（1.1.22）~（1.1.25）的解，则

$$\varepsilon^2 \|u_{xx}\|_{L^2(0,1)}^2 + \varepsilon^2 \|v_{xx}\|_{L^2(0,1)}^2 + \|u_x\|_{L^2(0,1)}^2 + \|v_x\|_{L^2(0,1)}^2$$

$$\leqslant 2\|C(x)\|_{L^2(0,1)}^2. \qquad (1.4.1)$$

证明：用 $\psi = u$ 作为（1.1.22）的试验函数，得

$$\frac{\varepsilon^2}{2} \int_0^1 \left(u_{xx}^2 + \frac{1}{2} u_x^2 u_{xx} \right) dx + \int_0^1 u_x^2 dx$$

$$= -\int_0^1 \left(e^u - e^v - C(x) \right) u\, dx + J_0 \int_0^1 e^{-u} u_x dx. \qquad (1.4.2)$$

由边界条件（1.1.24）得

$$\int_0^1 u_x^2 u_{xx} dx = \frac{1}{3}[u_x^3(1) - u_x^3(0)] = 0 ,$$

$$J_0 \int_0^1 e^{-u} u_x dx = -J_0 \int_0^1 (e^{-u})_x dx = J_0[e^{-u(0)} - e^{-u(1)}] = 0 .$$

因此，等式（1.4.2）等价于

$$\frac{\varepsilon^2}{2} \int_0^1 u_{xx}^2 dx + \int_0^1 u_x^2 dx = -\int_0^1 \left(e^u - e^v - C(x) \right) u\, dx. \qquad (1.4.3)$$

类似地，用 $\psi = v$ 作为（1.1.23）的试验函数并利用边界条件（1.1.25）得

$$\frac{\varepsilon^2}{2} \int_0^1 v_{xx}^2 dx + \int_0^1 v_x^2 dx = \int_0^1 \left(e^u - e^v - C(x) \right) v\, dx. \qquad (1.4.4)$$

（1.4.3）和（1.4.4）两式相加，得

$$\frac{\varepsilon^2}{2} \int_0^1 u_{xx}^2 dx + \int_0^1 u_x^2 dx + \frac{\varepsilon^2}{2} \int_0^1 v_{xx}^2 dx + \int_0^1 v_x^2 dx$$

$$= -\int_0^1 \left(e^u - e^v - C(x) \right)(u - v) dx. \qquad (1.4.5)$$

由 $x \mapsto e^x$ 的单调性知

$$-\int_0^1 \left(e^u - e^v \right)(u - v)\mathrm{d}x \leqslant 0.$$

由 Young 不等式和 Poincare 不等式，得

$$\int_0^1 C(x)(u - v)\mathrm{d}x \leqslant \frac{1}{2}\int_0^1 u^2 \mathrm{d}x + \frac{1}{2}\int_0^1 v^2 \mathrm{d}x + \int_0^1 C(x)^2 \mathrm{d}x$$

$$\leqslant \frac{1}{2}\int_0^1 u_x^2 \mathrm{d}x + \frac{1}{2}\int_0^1 v_x^2 \mathrm{d}x + \int_0^1 C(x)^2 \mathrm{d}x.$$

所以（1.4.5）式可以改写成

$$\frac{\varepsilon^2}{2}\int_0^1 u_{xx}^2 \mathrm{d}x + \frac{\varepsilon^2}{2}\int_0^1 v_{xx}^2 \mathrm{d}x + \frac{1}{2}\int_0^1 u_x^2 \mathrm{d}x + \frac{1}{2}\int_0^1 v_x^2 \mathrm{d}x \leqslant \int_0^1 C(x)^2 \mathrm{d}x.$$

引理 1.4.1 得证.

定理 1.1.3 的证明：对于给定的 $(\rho, \eta) \in W_0^{1,4}(0,1) \times W_0^{1,4}(0,1)$ 以及任意试验函数 $\psi \in H_0^2(0,1)$，我们考虑如下线性问题：

$$\frac{\varepsilon^2}{2}\int_0^1 u_{xx}\psi_{xx}\mathrm{d}x + \frac{\sigma\varepsilon^2}{4}\int_0^1 \rho_x^2 \psi_{xx}\mathrm{d}x$$

$$+ \int_0^1 u_x \psi_x \mathrm{d}x + \sigma\int_0^1 \left(e^\rho - e^\eta - C(x) \right)\psi \mathrm{d}x$$

$$= \sigma J_0 \int_0^1 e^{-\rho}\psi_x \mathrm{d}x, \tag{1.4.6}$$

$$\frac{\varepsilon^2}{2}\int_0^1 v_{xx}\psi_{xx}\mathrm{d}x + \frac{\sigma\varepsilon^2}{4}\int_0^1 \eta_x^2 \psi_{xx}\mathrm{d}x$$

$$+ \int_0^1 v_x \psi_x \mathrm{d}x - \sigma\int_0^1 \left(e^\rho - e^\eta - C(x) \right)\psi \mathrm{d}x = \sigma J_1 \int_0^1 e^{-\eta}\psi_x \mathrm{d}x, \tag{1.4.7}$$

其中 $\sigma \in [0,1]$. 定义双线性形式：

$$a(u,\psi) = \frac{\varepsilon^2}{2}\int_0^1 u_{xx}\psi_{xx}\mathrm{d}x + \int_0^1 u_x \psi_x \mathrm{d}x \tag{1.4.8}$$

和线性泛函

$$F(\psi) = -\frac{\sigma\varepsilon^2}{4}\int_0^1 \rho_x^2\psi_{xx}\mathrm{d}x - \sigma\int_0^1\left(\mathrm{e}^\rho - \mathrm{e}^\eta - C(x)\right)\psi\mathrm{d}x$$

$$+\sigma J_0\int_0^1 \mathrm{e}^{-\rho}\psi_x\mathrm{d}x . \qquad (1.4.9)$$

因为双线性形式 $a(u,\psi)$ 在 $H_0^2(0,1)\times H_0^2(0,1)$ 连续且强制的，线性泛函 $F(\psi)$ 在 $H_0^2(0,1)$ 上是连续的，所以由 Lax-Milgram 定理我们可得到问题（1.4.6）存在解 $u\in H_0^2(0,1)$. 类似地，问题（1.4.7）存在解 $v\in H_0^2(0,1)$. 因此，算子

$$S\colon\ W_0^{1,4}(0,1)\times W_0^{1,4}(0,1)\times[0,1]\to W_0^{1,4}(0,1)\times W_0^{1,4}(0,1) ,$$

$$(\rho,\eta,\sigma)\mapsto(u,v)$$

是有定义的. 此外，因为 $H_0^2(0,1)\subset W_0^{1,4}(0,1)$ 是紧的，所以此算子是连续且紧的. 另外，成立 $S(\rho,\eta,0)=(0,0)$.仿照引理 1.4.1 的证明步骤我们可以证明对所有满足 $S(u,v,\sigma)=(u,v)$ 的 $(u,v,\sigma)\in W_0^{1,4}(0,1)\times W_0^{1,4}(0,1)\times[0,1]$，成立

$$\|u\|_{H_0^2(0,1)}+\|v\|_{H_0^2(0,1)}\leqslant const. ,$$

所以由 Leray-Schauder 不动点定理知 $S(u,v,1)=(u,v)$ 存在不动点 (u,v).此不动点是问题（1.1.22）～（1.1.25）的解.

定理 1.1.3 证毕.

为了证明解的唯一性，我们需要如下引理：

引理 1.4.2[17]　　设 (u,v) 是定理 1.1.3 中得到的问题（1.1.22）～（1.1.25）的解，则

$$\|u\|_{L^\infty(0,1)} , \ \|v\|_{L^\infty(0,1)}\leqslant\sqrt{2}\|C(x)\|_{L^2(0,1)} , \qquad (1.4.10)$$

$$\|u_x\|_{L^\infty(0,1)} , \ \|v_x\|_{L^\infty(0,1)}\leqslant\frac{2\|C(x)\|_{L^2(0,1)}}{\sqrt{\varepsilon}} . \qquad (1.4.11)$$

证明：为简便，我们只证明 u 的情形，类似可以证明 v 的情形.（1.4.10）式可以直接从（1.4.1）式和 Poincare-Sobolev 不等式

中推出. 由 u_x 的边界条件知

$$u_x(x)^2 = 2\int_0^x u_x(s)u_{xx}(s)\mathrm{d}s \leqslant 2\|u_x\|_{L^2(0,1)}\|u_{xx}\|_{L^2(0,1)},$$

因此由 Young 不等式和（1.4.1）式得

$$\|u_x\|_{L^\infty(0,1)} \leqslant \sqrt{2}\sqrt{\|u_x\|_{L^2(0,1)}\|u_{xx}\|_{L^2(0,1)}}$$

$$\leqslant \frac{\sqrt{2}}{2\sqrt{\varepsilon}}\|u_x\|_{L^2(0,1)} + \frac{\sqrt{2\varepsilon}}{2}\|u_{xx}\|_{L^2(0,1)} \leqslant \frac{2}{\sqrt{\varepsilon}}\|C(x)\|_{L^2(0,1)}.$$

定理 1.1.4 的证明：设 (u_1, v_1)，$(u_2, v_2) \in H_0^2(0,1) \times H_0^2(0,1)$ 是问题（1.1.22）~（1.1.25）的两个弱解. 用 $u_1 - u_2$ 分别作为 (u_1, v_1)，(u_2, v_2) 所满足方程（1.1.22）的试验函数并将两式相减，得

$$\frac{\varepsilon^2}{2}\int_0^1 (u_1-u_2)_{xx}^2\mathrm{d}x + \frac{\varepsilon^2}{4}\int_0^1 (u_{1x}^2-u_{2x}^2)(u_1-u_2)_{xx}\mathrm{d}x + \int_0^1 (u_1-u_2)_x^2\mathrm{d}x$$

$$= -\int_0^1 (\mathrm{e}^{u_1} - \mathrm{e}^{v_1} - \mathrm{e}^{u_2} + \mathrm{e}^{v_2})(u_1-u_2)\mathrm{d}x -$$

$$J_0\int_0^1 (\mathrm{e}^{-u_1} - \mathrm{e}^{-u_2})(u_1-u_2)_x\mathrm{d}x \qquad (1.4.12)$$

用 $v_1 - v_2$ 分别作为 (u_1, v_1)，(u_2, v_2) 所满足方程（1.1.23）的试验函数并将两式相减，得

$$\frac{\varepsilon^2}{2}\int_0^1 (v_1-v_2)_{xx}^2\mathrm{d}x + \frac{\varepsilon^2}{4}\int_0^1 (v_{1x}^2-v_{2x}^2)(v_1-v_2)_{xx}\mathrm{d}x + \int_0^1 (v_1-v_2)_x^2\mathrm{d}x$$

$$= \int_0^1 (\mathrm{e}^{u_1} - \mathrm{e}^{v_1} - \mathrm{e}^{u_2} + \mathrm{e}^{v_2})(v_1-v_2)\mathrm{d}x -$$

$$J_1\int_0^1 (\mathrm{e}^{-v_1} - \mathrm{e}^{-v_2})(v_1-v_2)_x\mathrm{d}x \qquad (1.4.13)$$

由（1.4.11）式和 Young 不等式我们可以估计（1.4.12）式左端的第二个积分：

$$\frac{\varepsilon^2}{4}\int_0^1 (u_{1x}^2-u_{2x}^2)(u_1-u_2)_{xx}\mathrm{d}x$$

$$= \frac{\varepsilon^2}{4} \int_0^1 (u_{1x} + u_{2x})(u_1 - u_2)_x (u_1 - u_2)_{xx} \, dx$$

$$\geqslant -\varepsilon^{\frac{3}{2}} \|C(x)\|_{L^2(0,1)} \int_0^1 |(u_1 - u_2)_{xx}| \cdot |(u_1 - u_2)_x| \, dx$$

$$\geqslant -\frac{\varepsilon^2}{2} \int_0^1 (u_1 - u_2)_{xx}^2 \, dx - \frac{\varepsilon}{2} \|C(x)\|_{L^2(0,1)}^2 \int_0^1 (u_1 - u_2)_x^2 \, dx . \tag{1.4.14}$$

由中值定理和（1.4.10）中关于 v 的估计得

$$\left| e^{v_1} - e^{v_2} \right| \leqslant e^{\sqrt{2} \|C(x)\|_{L^2(0,1)}} \left| v_1 - v_2 \right|. \tag{1.4.15}$$

由 $x \mapsto e^x$ 的单调性，不等式（1.4.15），Young 不等式及 Poincare 不等式，得

$$-\int_0^1 (e^{u_1} - e^{v_1} - e^{u_2} + e^{v_2})(u_1 - u_2) \, dx$$

$$\leqslant \int_0^1 (e^{v_1} - e^{v_2})(u_1 - u_2) \, dx$$

$$\leqslant e^{\sqrt{2} \|C(x)\|_{L^2(0,1)}} \int_0^1 |v_1 - v_2| \cdot |u_1 - u_2| \, dx$$

$$\leqslant \frac{1}{2} e^{\sqrt{2} \|C(x)\|_{L^2(0,1)}} \left[\int_0^1 (u_1 - u_2)^2 \, dx + \int_0^1 (v_1 - v_2)^2 \, dx \right]$$

$$\leqslant \frac{1}{4} e^{\sqrt{2} \|C(x)\|_{L^2(0,1)}} \left[\int_0^1 (u_1 - u_2)_x^2 \, dx + \int_0^1 (v_1 - v_2)_x^2 \, dx \right]. \tag{1.4.16}$$

对于（1.4.12）式右端第二个积分，与上面类似，我们可以得到其估计：

$$-J_0 \int_0^1 (e^{-u_1} - e^{-u_2})(u_1 - u_2)_x \, dx$$

$$\leqslant |J_0| e^{\sqrt{2} \|C(x)\|_{L^2(0,1)}} \int_0^1 |u_1 - u_2| \cdot |(u_1 - u_2)_x| \, dx$$

$$\leqslant |J_0| e^{\sqrt{2} \|C(x)\|_{L^2(0,1)}} \left[\int_0^1 (u_1 - u_2)^2 \, dx \right]^{\frac{1}{2}} \left[\int_0^1 (u_1 - u_2)_x^2 \, dx \right]^{\frac{1}{2}}$$

$$\leqslant \frac{|J_0|}{\sqrt{2}} e^{\sqrt{2} \|C(x)\|_{L^2(0,1)}} \int_0^1 (u_1 - u_2)_x^2 \, dx , \tag{1.4.17}$$

这里在（1.4.17）式的第二个不等式中用到了 Holder 不等式. 由（1.4.12）

式、（1.4.14）式，（1.4.16）式和（1.4.17）式，得

$$\left[1-\frac{\varepsilon}{2}\|C(x)\|_{L^2(0,1)}^2-\frac{1+2\sqrt{2}\,|J_0|}{4}\mathrm{e}^{\sqrt{2}\|C(x)\|_{L^2(0,1)}}\right]\int_0^1(u_1-u_2)_x^2\mathrm{d}x$$

$$\leqslant\frac{1}{4}\mathrm{e}^{\sqrt{2}\|C(x)\|_{L^2(0,1)}}\int_0^1(v_1-v_2)_x^2\mathrm{d}x. \qquad (1.4.18)$$

利用类似的技巧，可以估计（1.4.13）式为

$$\left[1-\frac{\varepsilon}{2}\|C(x)\|_{L^2(0,1)}^2-\frac{1+2\sqrt{2}\,|J_1|}{4}\mathrm{e}^{\sqrt{2}\|C(x)\|_{L^2(0,1)}}\right]\int_0^1(v_1-v_2)_x^2\mathrm{d}x$$

$$\leqslant\frac{1}{4}\mathrm{e}^{\sqrt{2}\|C(x)\|_{L^2(0,1)}}\int_0^1(u_1-u_2)_x^2\mathrm{d}x. \qquad (1.4.19)$$

由（1.4.18），（1.4.19）两式得

$$\left[1-\frac{\varepsilon}{2}\|C(x)\|_{L^2(0,1)}^2-\frac{1+\sqrt{2}\,|J_0|}{2}\mathrm{e}^{\sqrt{2}\|C(x)\|_{L^2(0,1)}}\right]\int_0^1(u_1-u_2)_x^2\mathrm{d}x+$$

$$\left[1-\frac{\varepsilon}{2}\|C(x)\|_{L^2(0,1)}^2-\frac{1+\sqrt{2}\,|J_1|}{2}\mathrm{e}^{\sqrt{2}\|C(x)\|_{L^2(0,1)}}\right]\int_0^1(v_1-v_2)_x^2\mathrm{d}x\leqslant0. \quad (1.4.20)$$

由此不等式和（1.1.28）、（1.1.29）式知 $u_1=u_2$，$v_1=v_2$.

定理 1.1.4 得证.

定理 1.1.5 的证明：由引理 1.4.1 和 Poincare 不等式可得 u_ε 和 v_ε 的一致 $H^1(0,1)$ 估计. 所以 $(u_\varepsilon,v_\varepsilon)$ 存在子序列仍记为 $(u_\varepsilon,v_\varepsilon)$ 使得（1.1.30）式成立. 对任何 $\psi\in C_0^\infty(0,1)$，（1.1.22）式和（1.1.23）式的弱形式经分部积分后得

$$-\frac{\varepsilon^2}{2}\int_0^1 u_\varepsilon\psi_{xxxx}\mathrm{d}x-\frac{\varepsilon^2}{4}\int_0^1 u_{\varepsilon,x}^2\psi_{xx}\mathrm{d}x$$

$$=\int_0^1 u_{\varepsilon,x}\psi_x\mathrm{d}x+\int_0^1\left(\mathrm{e}^{u_\varepsilon}-\mathrm{e}^{v_\varepsilon}-C(x)\right)\psi\mathrm{d}x-J_0\int_0^1\mathrm{e}^{-u_\varepsilon}\psi_x\mathrm{d}x, \qquad (1.4.21)$$

$$-\frac{\varepsilon^2}{2}\int_0^1 v_\varepsilon\psi_{xxxx}\mathrm{d}x-\frac{\varepsilon^2}{4}\int_0^1 v_{\varepsilon,x}^2\psi_{xx}\mathrm{d}x$$

$$=\int_0^1 v_{\varepsilon,x}\psi_x\mathrm{d}x-\int_0^1\left(\mathrm{e}^{u_\varepsilon}-\mathrm{e}^{v_\varepsilon}-C(x)\right)\psi\mathrm{d}x-J_1\int_0^1\mathrm{e}^{-v_\varepsilon}\psi_x\mathrm{d}x. \qquad (1.4.22)$$

由（1.1.30）式知上述两个等式中可取极限 $\varepsilon \to 0$，得

$$0 = \int_0^1 u_x \psi_x \mathrm{d}x + \int_0^1 \left(\mathrm{e}^u - \mathrm{e}^v - C(x)\right)\psi \mathrm{d}x - J_0 \int_0^1 \mathrm{e}^{-u} \psi_x \mathrm{d}x , \qquad (1.4.23)$$

$$0 = \int_0^1 v_x \psi_x \mathrm{d}x - \int_0^1 \left(\mathrm{e}^u - \mathrm{e}^v - C(x)\right)\psi \mathrm{d}x - J_1 \int_0^1 \mathrm{e}^{-v} \psi_x \mathrm{d}x . \qquad (1.4.24)$$

这证明了（1.1.31）、（1.1.32）的弱解形式成立.

第二章 量子能量输运模型

2.1 引 言

单极量子能量输运模型的形式为[18]：

$$n_t + \text{div}\left[\frac{\varepsilon^2}{6}n\nabla\left(\frac{\Delta\sqrt{n}}{\sqrt{n}}\right) - \nabla(nT) + n\nabla V\right] = 0 ，\qquad (2.1.1)$$

$$-\text{div}(k(n,T)\nabla T) = \frac{n}{\tau}(T_L(x) - T) ，\qquad (2.1.2)$$

$$\lambda^2\Delta V = n - C(x) ，\qquad (2.1.3)$$

其中电子密度 n、电子温度 T 和电位势 V 为未知函数，$C(x)$ 表示杂质密度，晶格温度 $T_L(x)$ 为已知函数，标度的普朗克常数 $\varepsilon > 0$、能量弛豫时间 $\tau > 0$ 和德拜长度 $\lambda > 0$ 为物理参数，$k(n,T)$ 表示热导率，通常与电子密度 n 及电子温度 T 有关. 模型（2.1.1）~（2.1.3）可以从量子流体动力学方程组中推导出，见文献[18]. 假设 $k(n,T) = n$，文献[18]在周期边界条件下得到了模型（2.1.1）~（2.1.3）弱解的整体存在性，随后文献[19]研究了其解的半古典极限状态.

我们首先假设 $k(n,T) = n$，研究模型（2.1.1）~（2.1.3）一维稳态方程组的如下边值问题：

$$\frac{\varepsilon^2}{6}n\left(\frac{(\sqrt{n})_{xx}}{\sqrt{n}}\right)_x - (nT)_x + nV_x = J_0 ，\qquad (2.1.4)$$

$$-(nT_x)_x = \frac{n}{\tau}(T_L(x) - T) ，\qquad (2.1.5)$$

$$\lambda^2 V_{xx} = n - C(x) ，\ x \in (0,1) ，\qquad (2.1.6)$$

$$n(0) = n(1) = 1 ，\quad n_x(0) = n_x(1) = 0 ，\quad T(0) = T_0 ，$$

$$T_x(0) = T_x(1) = 0 ，\qquad (2.1.7)$$

$$V(0) = V_0 = -\frac{\varepsilon^2}{6}(\sqrt{n})_{xx}(0) + T_0 ，\qquad (2.1.8)$$

其中常数 J_0 为电流密度. 边界条件（2.1.8）可解释为 Bohm 位势 $\dfrac{(\sqrt{n})_{xx}}{\sqrt{n}}$ 在 $x=0$ 处的 Dirichlet 边界条件.

对于问题（2.1.4）～（2.1.8），我们的主要结果叙述如下：

定理 2.1.1[20] （解的存在性）设 $C(x), T_L(x) \in L^\infty(0,1)$，$C(x)>0$，$0<m_L \leqslant T_L(x) \leqslant M_L$，$x\in(0,1)$，则问题（2.1.4）～（2.1.8）存在古典解 (n,T,V) 使得 $n(x) \geqslant \mathrm{e}^{-M}>0$，$x\in(0,1)$，其中 M 是

$$M=\sqrt{\frac{\mathrm{e}^{2M}}{\tau m_L^2}(M_L-m_L)M_L+\frac{2(\mathrm{e}^{-1}+\|C(x)\log C(x)\|_{L^\infty(0,1)})}{\lambda^2 m_L}} \tag{2.1.9}$$

的解.

定理 2.1.2[21] （解的唯一性）设定理 2.1.1 中的条件成立，再若 m_L 充分大且 $|J_0|$ 充分小，则问题（2.1.4）～（2.1.8）的解是唯一的.

我们可以把定理 2.1.1 和定理 2.1.2 的结果推广到热导率 $k(n,T)=nT$ 的情形。为此，我们考虑

$$\frac{\varepsilon^2}{6}n\left(\frac{(\sqrt{n})_{xx}}{\sqrt{n}}\right)_x-(nT)_x+nV_x=J_0 , \tag{2.1.10}$$

$$-(nTT_x)_x=\frac{n}{\tau}(T_L(x)-T) , \tag{2.1.11}$$

$$\lambda^2 V_{xx}=n-C(x) , \quad x\in(0,1) , \tag{2.1.12}$$

$$n(0)=n(1)=1 , \quad n_x(0)=n_x(1)=0 , \quad T(0)=T_0 ,$$

$$T_x(0)=T_x(1)=0 , \tag{2.1.13}$$

定理 2.1.3[22] （解的存在性）设 $C(x)$，$T_L(x) \in L^\infty(0,1)$，$C(x)>0$，$0<m_L \leqslant T_L(x) \leqslant M_L$，$x\in(0,1)$，则问题（2.1.10）～（2.1.13）存在古典解 (n,T,V)，使得 $0<m_L \leqslant T \leqslant M_L$，$n \geqslant \mathrm{e}^{-M}>0$，其中 M 为

$$M=\sqrt{\frac{M_L \mathrm{e}^{2M}}{m_L^3 \tau}(M_L-m_L)+\frac{2(\mathrm{e}^{-1}+\|C(x)\log C(x)\|_{L^\infty(0,1)})}{\lambda^2 m_L}} \tag{2.1.14}$$

的解.

定理 2.1.4[20] （解的唯一性）设定理 2.1.3 中的条件成立，则当 m_L 充分

大且 $M_L - m_L$ 与 $|J_0|$ 相对较小时，问题（2.1.10）~（2.1.13）的古典解是唯一的.

定理 2.1.1 的结论可以推广到电子密度在两端点处不相等的情形. 为此我们考虑如下边值问题：

$$\frac{\varepsilon^2}{6} n \left(\frac{(\sqrt{n})_{xx}}{\sqrt{n}} \right)_x - (nT)_x + nV_x = J_0 , \qquad (2.1.15)$$

$$-(nT_x)_x = \frac{n}{\tau}(T_L(x) - T) , \qquad (2.1.16)$$

$$\lambda^2 V_{xx} = n - C(x) , \quad x \in (0,1) , \qquad (2.1.17)$$

$$n(0) = n_0 , \quad n(1) = n_1 , \quad n_x(0) = n_x(1) = 0 , \qquad (2.1.18)$$

$$T(0) = T_0 , \quad T_x(0) = T_x(1) = 0 , \qquad (2.1.19)$$

$$V(0) = V_0 = -\frac{\varepsilon^2}{6}(\sqrt{n})_{xx}(0) + T_0 , \qquad (2.1.20)$$

其中常数 J_0 为电流密度，n_0，$n_1 > 0$.

对于问题（2.1.15）~（2.1.20），我们有如下结论：

定理 2.1.5[23] （解的存在性）设 $C(x) \in L^2(0,1)$ ，$T_L(x) \in L^\infty(0,1)$ ，$0 < m_L \leqslant T_L(x) \leqslant M_L$ ，$x \in (0,1)$ ，则问题（2.1.15）~（2.1.20）存在古典解 (n,T,V) 使得 $n(x) \geqslant e^{-M} > 0$ ，$x \in (0,1)$ ，其中 M 满足

$$M = |\log n_0| + 4\sqrt{\frac{c_0}{m_L}} , \qquad (2.1.21)$$

$$c_0 = \frac{\varepsilon^2 \alpha^2}{9\mu(1-\mu)} + \frac{e^{2M} M_L (M_L - m_L)(1+m_L)}{2\tau m_L} + \frac{23}{30}\alpha^2 + \frac{23\alpha^2 M_L^2}{15 m_L} + \frac{23\alpha^2 m_L}{120} +$$

$$\frac{1}{m_L \lambda^4} \int_0^1 (e^{u_D} - C(x))^2 \, dx + \frac{4 J_0^2 e^{2M}}{m_L} \alpha^2 + |J_0| \alpha e^M , \qquad (2.1.22)$$

$\alpha = |\log n_1 - \log n_0|$ ，$\mu \in \left(0, \dfrac{1}{2}\right]$ ，$\mu < \dfrac{1}{2\alpha}$ ，u_D 的定义见 2.4 节引理 2.4.1 的证明.

最后在一维有界区域 $(0,1)$ 上研究对应于（2.1.1）～（2.1.3）的双极稳态模型[24]：

$$\frac{\varepsilon^2}{6}n\left(\frac{(\sqrt{n})_{xx}}{\sqrt{n}}\right)_x - (nT)_x + nV_x = J_1 , \qquad （2.1.23）$$

$$\frac{\varepsilon^2}{6}p\left(\frac{(\sqrt{p})_{xx}}{\sqrt{p}}\right)_x - (pT)_x - pV_x = J_2 , \qquad （2.1.24）$$

$$-\left((n+p)T_x\right)_x = (n+p)(T_L(x)-T) , \qquad （2.1.25）$$

$$V_{xx} = n - p - C(x) , \quad x \in (0,1) , \qquad （2.1.26）$$

$$n(0) = n(1) = 1 , \quad p(0) = p(1) = 1 , \qquad （2.1.27）$$

$$n_x(0) = n_x(1) = 0 , \quad p_x(0) = p_x(1) = 0 , \quad T_x(0) = T_x(1) = 0 , \qquad （2.1.28）$$

其中电子密度 n、空穴密度 p、粒子温度 T 和电位势 V 为未知函数，晶格温度 $T_L(x)$ 和杂质密度 $C(x)$ 为已知函数，常数 J_1，J_2 分别表示电子电流密度和空穴电流密度.

（2.1.23），（2.1.24）两式分别除以 n，p，再关于 x 求导，并利用（2.1.26）式得

$$\frac{\varepsilon^2}{6}\left(\frac{(\sqrt{n})_{xx}}{\sqrt{n}}\right)_{xx} - T_{xx} - \left(\frac{Tn_x}{n}\right)_x + (n-p-C(x)) = \left(\frac{J_1}{n}\right)_x , \qquad （2.1.29）$$

$$\frac{\varepsilon^2}{6}\left(\frac{(\sqrt{p})_{xx}}{\sqrt{p}}\right)_{xx} - T_{xx} - \left(\frac{Tp_x}{p}\right)_x - (n-p-C(x)) = \left(\frac{J_2}{p}\right)_x . \qquad （2.1.30）$$

令 $n = \mathrm{e}^u$，$p = \mathrm{e}^v$，则（2.1.29），（2.1.30），（2.1.25），（2.1.27），（2.1.28）式相应变为

$$\frac{\varepsilon^2}{12}\left(u_{xx} + \frac{u_x^2}{2}\right)_{xx} - T_{xx} - (Tu_x)_x + (\mathrm{e}^u - \mathrm{e}^v - C(x)) = J_1(\mathrm{e}^{-u})_x , \qquad （2.1.31）$$

$$\frac{\varepsilon^2}{12}\left(v_{xx} + \frac{v_x^2}{2}\right)_{xx} - T_{xx} - (Tv_x)_x - (\mathrm{e}^u - \mathrm{e}^v - C(x)) = J_2(\mathrm{e}^{-v})_x , \qquad （2.1.32）$$

$$-\left((e^u + e^v)T_x\right)_x = (e^u + e^v)(T_L(x) - T) ,\qquad（2.1.33）$$

$$u(0) = u(1) = 0 , \quad v(0) = v(1) = 0 ,\qquad（2.1.34）$$

$$u_x(0) = u_x(1) = 0 , \quad v_x(0) = v_x(1) = 0 , \quad T_x(0) = T_x(1) = 0 .\qquad（2.1.35）$$

定义 2.1.1 称 $(u,v,T) \in H_0^2(0,1) \times H_0^2(0,1) \times H^1(0,1)$ 为问题（2.1.31）~（2.1.35）的一个弱解，如果对于所有 $\psi \in H_0^2(0,1)$ 和 $\varphi \in H^1(0,1)$，满足：

$$\frac{\varepsilon^2}{12}\int_0^1\left(u_{xx} + \frac{u_x^2}{2}\right)\psi_{xx}\,\mathrm{d}x + \int_0^1 T_x\psi_x\,\mathrm{d}x + \int_0^1 Tu_x\psi_x\,\mathrm{d}x +$$

$$\int_0^1(e^u - e^v - C(x))\psi\,\mathrm{d}x = -J_1\int_0^1 e^{-u}\psi_x\,\mathrm{d}x ,\qquad（2.1.36）$$

$$\frac{\varepsilon^2}{12}\int_0^1\left(v_{xx} + \frac{v_x^2}{2}\right)\psi_{xx}\,\mathrm{d}x + \int_0^1 T_x\psi_x\,\mathrm{d}x + \int_0^1 Tv_x\psi_x\,\mathrm{d}x -$$

$$\int_0^1(e^u - e^v - C(x))\psi\,\mathrm{d}x = -J_2\int_0^1 e^{-v}\psi_x\,\mathrm{d}x ,\qquad（2.1.37）$$

$$\int_0^1(e^u + e^v)T_x\varphi_x\,\mathrm{d}x = \int_0^1(e^u + e^v)(T_L(x) - T)\varphi\,\mathrm{d}x .\qquad（2.1.38）$$

我们的主要结果为：

定理 2.1.6[24] 设 $C(x) \in L^2(0,1)$，$T_L(x) \in L^\infty(0,1)$，且 $\frac{1}{2} < m_L \leqslant T_L(x) \leqslant M_L$，$x \in (0,1)$，其中 m_L 与 M_L 为常数，则问题（2.1.31）~（2.1.35）按定义 2.1.1 存在弱解 $(u,v,T) \in H_0^2(0,1) \times H_0^2(0,1) \times H^1(0,1)$，且 $\frac{1}{2} < m_L \leqslant T \leqslant M_L$，$x \in (0,1)$.

本章作如下安排：2.2 节证明定理 2.1.1 和定理 2.1.2，2.3 节证明定理 2.1.3 和定理 2.1.4，2.4 节证明定理 2.1.5，2.5 节证明定理 2.1.6.

2.2 定理 2.1.1 和定理 2.1.2 的证明

我们先把方程（2.1.4）和（2.1.6）转化成一个四阶椭圆方程，然后再利用指数变换.（2.1.4）式除以 n 再关于 x 求导，并利用（2.1.6）式得

$$\frac{\varepsilon^2}{6}\left(\frac{(\sqrt{n})_{xx}}{\sqrt{n}}\right)_{xx} - T_{xx} - [(\log n)_x T]_x + \frac{n - C(x)}{\lambda^2} = J_0\left(\frac{1}{n}\right)_x, \tag{2.2.1}$$

电位势 V 可以通过（2.1.4）除以 n 再积分得到表达式（注意边界条件（2.1.7）~（2.1.8）可以使积分常数消失）：

$$V(x) = -\frac{\varepsilon^2}{6}\frac{(\sqrt{n})_{xx}}{\sqrt{n}}(x) + T(x) + \int_0^x (\log n)_x(s)T(s)\mathrm{d}s + J_0\int_0^x \frac{\mathrm{d}s}{n(s)}. \tag{2.2.2}$$

令 $n = \mathrm{e}^u$，则式（2.2.1），（2.1.5），（2.2.2）和（2.1.7）~（2.1.8）可写成

$$\frac{\varepsilon^2}{12}\left(u_{xx} + \frac{u_x^2}{2}\right)_{xx} - T_{xx} - (u_x T)_x + \frac{\mathrm{e}^u - C(x)}{\lambda^2} = J_0(\mathrm{e}^{-u})_x, \tag{2.2.3}$$

$$-(\mathrm{e}^u T_x)_x = \frac{\mathrm{e}^u}{\tau}(T_L(x) - T), \tag{2.2.4}$$

$$V(x) = -\frac{\varepsilon^2}{12}\left(u_{xx} + \frac{u_x^2}{2}\right)(x) + T(x) + \int_0^x u_x(s)T(s)\mathrm{d}s + J_0\int_0^x \mathrm{e}^{-u(s)}\mathrm{d}s, \tag{2.2.5}$$

$$u(0) = u(1) = 0, \ u_x(0) = u_x(1) = 0, \ T(0) = T_0, \ T_x(0) = T_x(1) = 0, \tag{2.2.6}$$

$$V(0) = V_0 = -\frac{\varepsilon^2}{12}u_{xx}(0) + T_0. \tag{2.2.7}$$

容易证明问题（2.1.4）~（2.1.8）与问题（2.2.3）~（2.2.7）对于古典解 $n > 0$ 来说是等价的.

定义 2.2.1 设 $(u, T) \in H_0^2(0,1) \times H^1(0,1)$，若对于 $\forall (\psi, \varphi) \in H_0^2(0,1) \times H^1(0,1)$，成立

$$\frac{\varepsilon^2}{12}\int_0^1\left(u_{xx} + \frac{u_x^2}{2}\right)\psi_{xx}\mathrm{d}x + \int_0^1 T_x\psi_x\mathrm{d}x + \int_0^1 u_x T\psi_x\mathrm{d}x$$

$$= -\frac{1}{\lambda^2}\int_0^1\left(\mathrm{e}^u - C(x)\right)\psi\mathrm{d}x - J_0\int_0^1 \mathrm{e}^{-u}\psi_x\mathrm{d}x \tag{2.2.8}$$

和

$$\int_0^1 \mathrm{e}^u T_x\varphi_x\mathrm{d}x = \frac{1}{\tau}\int_0^1 \mathrm{e}^u(T_L(x) - T)\varphi\,\mathrm{d}x, \tag{2.2.9}$$

30

则称 (u,T) 为问题（2.2.3），（2.2.4），（2.2.6）的一个弱解.

我们考虑（2.2.8）和如下截断问题：

$$\int_0^1 e^{u_M} T_x \varphi_x \mathrm{d}x = \frac{1}{\tau} \int_0^1 e^{u_M} (T_L(x) - T)\varphi \, \mathrm{d}x \,, \tag{2.2.10}$$

这里常数 $M > 0$ 的定义见（2.1.9）式，$u_M = \min\{M, \max\{-M, u\}\}$. 我们需要如下引理：

引理 2.2.1 设 $(u,T) \in H_0^2(0,1) \times H^1(0,1)$ 为问题（2.2.8）和（2.2.10）的解，则

$$\frac{\varepsilon^2}{12}\|u_{xx}\|_{L^2(0,1)}^2 + \frac{m_L}{2}\|u_x\|_{L^2(0,1)}^2$$

$$\leqslant \frac{e^{2M}}{2\tau m_L}(M_L - m_L)M_L + \lambda^{-2}(e^{-1} + \|C(x)\log C(x)\|_{L^\infty(0,1)}). \tag{2.2.11}$$

另外成立

$$\|u\|_{L^\infty(0,1)} \leqslant M \,, \quad \|T_x\|_{L^2(0,1)} \leqslant e^M \sqrt{\frac{(M_L - m_L)M_L}{\tau}} \,, \tag{2.2.12}$$

这里常数 $M > 0$ 的定义见（2.1.9）式.

证明：首先，用 $\varphi = (T - M_L)^+ = \max\{0, T - M_L\} \in H^1(0,1)$ 作为（2.2.10）的试验函数，得

$$\int_0^1 e^{u_M} (T - M_L)_x^{+2} \mathrm{d}x = \frac{1}{\tau} \int_0^1 e^{u_M} (T_L(x) - T)(T - M_L)^+ \mathrm{d}x \leqslant 0 \,,$$

这里用到了 $T_L(x) \leqslant M_L$，$x \in (0,1)$. 这意味着 $(T - M_L)^+ = 0$，所以 $T \leqslant M_L$. 同理，用 $\varphi = (T - m_L)^- = \min\{0, T - m_L\} \in H^1(0,1)$ 作为式（2.2.10）的试验函数可得 $T \geqslant m_L > 0$.

其次，用 $\varphi = T$ 作为式（2.2.10）的试验函数得

$$\int_0^1 e^{u_M} T_x^2 \mathrm{d}x = \frac{1}{\tau} \int_0^1 e^{u_M} (T_L(x) - T)T\mathrm{d}x \leqslant \frac{e^M}{\tau}(M_L - m_L)M_L \,.$$

由上述不等式和 $\int_0^1 e^{u_M} T_x^2 \mathrm{d}x \geqslant e^{-M} \int_0^1 T_x^2 \mathrm{d}x$ 知

31

$$\int_0^1 T_x^2 \mathrm{d}x \leq \frac{\mathrm{e}^{2M}}{\tau}(M_L - m_L)M_L . \tag{2.2.13}$$

再次，用 $\psi = u \in H_0^2$ 作为（2.2.8）的试验函数，得

$$\frac{\varepsilon^2}{12}\int_0^1 u_{xx}^2 \mathrm{d}x + \frac{\varepsilon^2}{24}\int_0^1 u_x^2 u_{xx} \mathrm{d}x + \int_0^1 T u_x^2 \mathrm{d}x$$

$$= -\int_0^1 T_x u_x \mathrm{d}x - \frac{1}{\lambda^2}\int_0^1 \left(\mathrm{e}^u - C(x)\right)u \mathrm{d}x - J_0 \int_0^1 \mathrm{e}^{-u} u_x \mathrm{d}x . \tag{2.2.14}$$

由边界条件（2.2.6）知（2.2.14）式左端第二项和右端第三项等于零. 因为 $T \geq m_L > 0$，所以

$$\int_0^1 T u_x^2 \mathrm{d}x \geq m_L \int_0^1 u_x^2 \mathrm{d}x .$$

不难看出，$\mathrm{e}^{-1} + \|C(x)\log C(x)\|_{L^\infty(0,1)}$ 是函数 $u \mapsto -u(\mathrm{e}^u - C(x))$，$u \in R, x \in (0,1)$，的一个上界，这里用到了 $C(x) > 0$. 所以

$$-\frac{1}{\lambda^2}\int_0^1 \left(\mathrm{e}^u - C(x)\right)u \mathrm{d}x \leq \lambda^{-2}\left(\mathrm{e}^{-1} + \|C(x)\log C(x)\|_{L^\infty(0,1)}\right).$$

由 Young 不等式和式（2.2.13）得

$$-\int_0^1 T_x u_x \mathrm{d}x \leq \frac{m_L}{2}\int_0^1 u_x^2 \mathrm{d}x + \frac{1}{2m_L}\int_0^1 T_x^2 \mathrm{d}x$$

$$\leq \frac{m_L}{2}\int_0^1 u_x^2 \mathrm{d}x + \frac{\mathrm{e}^{2M}}{2\tau m_L}(M_L - m_L)M_L .$$

由上述估计可得（2.2.11）式成立.

最后，由 Poincare-Sobolev 不等式和（2.2.11）式得

$$\|u\|_{L^\infty(0,1)} \leq \|u_x\|_{L^2(0,1)} \leq M ,$$

这里常数 $M > 0$ 的定义见（2.1.9）式，引理 2.2.1 得证.

下面利用 Leray-Schauder 不动点定理证明问题（2.2.8），（2.2.9）解的存在性.

引理 2.2.2 在引理 2.2.1 的条件下，问题（2.2.8），（2.2.9）存在解 $(u,T) \in H_0^2(0,1) \times H^1(0,1)$.

证明：对于给定的 $w \in W_0^{1,4}(0,1)$ 和试验函数 $\varphi \in H^1(0,1)$，设 $T \in H^1(0,1)$ 是

$$\int_0^1 e^{w_M} T_x \varphi_x \mathrm{d}x = \frac{1}{\tau} \int_0^1 e^{w_M} (T_L(x) - T) \varphi \, \mathrm{d}x$$

的唯一解. 与引理 2.2.1 类似，可以得到 $0 < m_L \leqslant T \leqslant M_L$. 对于试验函数 $\psi \in H_0^2(0,1)$，我们考虑如下线性问题：

$$\frac{\varepsilon^2}{12} \int_0^1 u_{xx} \psi_{xx} \mathrm{d}x + \frac{\sigma \varepsilon^2}{24} \int_0^1 w_x^2 \psi_{xx} \mathrm{d}x + \sigma \int_0^1 T_x \psi_x \mathrm{d}x + \int_0^1 T u_x \psi_x \mathrm{d}x$$

$$= -\frac{\sigma}{\lambda^2} \int_0^1 (e^w - C(x)) \psi \, \mathrm{d}x - \sigma J_0 \int_0^1 e^{-w} \psi_x \mathrm{d}x, \qquad （2.2.15）$$

这里 $\sigma \in [0,1]$. 我们定义双线性形式

$$a(u,\psi) = \frac{\varepsilon^2}{12} \int_0^1 u_{xx} \psi_{xx} \mathrm{d}x + \int_0^1 T u_x \psi_x \mathrm{d}x \qquad （2.2.16）$$

和线性泛函

$$F(\psi) = -\frac{\sigma \varepsilon^2}{24} \int_0^1 w_x^2 \psi_{xx} \mathrm{d}x - \sigma \int_0^1 T_x \psi_x \mathrm{d}x -$$

$$\frac{\sigma}{\lambda^2} \int_0^1 (e^w - C(x)) \psi \mathrm{d}x - \sigma J_0 \int_0^1 e^{-w} \psi_x \mathrm{d}x \qquad （2.2.17）$$

因为双线性形式 $a(u,\psi)$ 在 $H_0^2(0,1) \times H_0^2(0,1)$ 上对于 $0 < m_L \leqslant T \leqslant M_L$ 来说是连续且强制的，且线性泛函 $F(\psi)$ 在 $H_0^2(0,1)$ 上是连续的，我们利用 Lax-Milgram 定理可以得到（2.2.15）存在解 $u \in H_0^2(0,1)$. 因此，算子

$$S: W_0^{1,4}(0,1) \times [0,1] \to W_0^{1,4}(0,1), \quad (w,\sigma) \mapsto u$$

是有定义的. 此外，此算子是连续且紧的（这是因为嵌入 $H_0^2(0,1) \subset W_0^{1,4}(0,1)$ 是紧的），且有 $S(w,0) = 0$. 仿照引理 2.2.1 的证明步骤，我们可以证明对于所有满足 $S(u,\sigma) = u$ 的 $(u,\sigma) \in W_0^{1,4}(0,1) \times [0,1]$ 有 $\|u\|_{H_0^2(0,1)} \leqslant const$. 因此，由 Leray-Schauder 不动点定理知 $S(u,1) = u$ 存在一个不动点 u. 这样我们得到问题

（2.2.8）和（2.2.10）的一个解 (u,T) ，此解也是问题（2.2.8）和（2.2.9）的一个解，这是因为 $\|u\|_{L^{\infty}(0,1)} \leq M$ ． 引理 2.2.2 证毕．

有了引理 2.2.2，我们可以得到问题（2.2.3）～（2.2.7）解的存在性．

定理 2.2.1 在引理 2.2.1 的条件下，问题（2.2.3）～（2.2.7）存在解 $(u,T,V) \in H^4(0,1) \times H^2(0,1) \times H^2(0,1)$ ．

证明：设 (u,T) 是（2.2.8）～（2.2.9）或（2.2.3），（2.2.4），（2.2.6）的一个弱解．因为 $u \in H_0^2(0,1)$ ，所以 $u_x \in L^{\infty}(0,1)$ 且 $u_x^2 \in H_0^1(0,1)$ ．因为对于 $\|u\|_{L^{\infty}(0,1)} \leq M$ 有 $e^u \geq e^{-M} > 0$ ，所以对于古典解来说方程（2.2.4）等价于

$$-T_{xx} = u_x T_x + \frac{1}{\tau}(T_L(x) - T) ． \tag{2.2.18}$$

由（2.2.18）式， $u_x \in L^{\infty}(0,1)$ 及 $T_x \in L^2(0,1)$ 可得 $T_{xx} \in L^2(0,1)$ ，再由（2.2.3）及 $u_x^2 \in H_0^1(0,1)$ ，我们可以推出 $u_{xxxx} \in H^{-1}(0,1)$ ．因此存在 $w \in L^2(0,1)$ 使得 $w_x = u_{xxxx}$ ．这意味着 $u_{xxx} = w + const. \in L^2(0,1)$ ，再由式（2.2.3）及 $T_{xx} \in L^2(0,1)$ 知， $u_{xxxx} \in L^2(0,1)$ ．这使我们得到 $u \in H^4(0,1)$ 并且由 u ， T 的正则性及（2.2.5）推出 V 的正则性．

定理 2.2.1 得证．

定理 2.1.1 的证明：因为 $u \in H^4(0,1)$ ， $\|u\|_{L^{\infty}(0,1)} \leq M$ 和 $n = e^u$ ，所以对于 $x \in (0,1)$ ，我们有 $n \in H^4(0,1)$ 和 $n(x) \geq e^{-M} > 0$ ．由问题（2.14）～（2.1.8）和（2.2.3）～（2.2.7）的等价性以及定理 2.2.1，可以推出（2.1.4）～（2.1.8）存在古典解 (n,T,V) ．

为了证明定理 2.1.2，我们只需证明问题（2.2.3），（2.2.4），（2.2.6）解的唯一性即可．为此，我们有如下定理：

定理 2.2.2 设定理 2.1.1 的条件成立，再若 m_L 充分大且 $|J_0|$ 较小，使得

$$m_L - \frac{\varepsilon M^2}{24}\sqrt{6m_L} - \frac{|J_0|e^M}{\sqrt{2}} -$$

$$\frac{e^{2M}(\sqrt{2\varepsilon} + \sqrt[4]{6m_L} \cdot M)(\sqrt{2}e^{2M} + 1)(M_L - m_L)}{2\sqrt{2\varepsilon} \cdot \tau} > 0 \tag{2.2.19}$$

则问题（2.2.3），（2.2.4），（2.2.6）的解 $(u,T)\in H^4(0,1)\times H^2(0,1)$ 是唯一的.

为了证明定理 2.2.2，我们需要如下估计：

引理 2.2.3 设 $(u,T)\in H^4(0,1)\times H^2(0,1)$ 是问题（2.2.3），（2.2.4），（2.2.6）的解，则

$$\|u_x\|_{L^\infty(0,1)}\leqslant\frac{\sqrt[4]{6m_L}\cdot M}{\sqrt{\varepsilon}}\,,\tag{2.2.20}$$

$$\|T_x\|_{L^\infty(0,1)}\leqslant\frac{\mathrm{e}^{2M}}{\tau}(M_L-m_L)\,.\tag{2.2.21}$$

证明：由均值不等式及（2.2.11）式，得

$$\frac{\sqrt{m_L}}{\sqrt6}\varepsilon\|u_{xx}\|_{L^2(0,1)}\|u_x\|_{L^2(0,1)}\leqslant\frac{\varepsilon^2}{12}\|u_{xx}\|_{L^2(0,1)}^2+\frac{m_L}{2}\|u_x\|_{L^2(0,1)}^2$$

$$\leqslant\frac{\mathrm{e}^{2M}}{2\tau m_L}(M_L-m_L)M_L+\lambda^{-2}(\mathrm{e}^{-1}+\|C(x)\log C(x)\|_{L^\infty(0,1)})\,,$$

所以再由 Holder 不等式及（2.1.9）式，得

$$u_x^2(x)=2\int_0^x u_{xx}(s)u_x(s)\mathrm{d}s\leqslant2\|u_{xx}\|_{L^2(0,1)}\|u_x\|_{L^2(0,1)}$$

$$\leqslant\frac{2\sqrt6}{\sqrt{m_L}\varepsilon}\left[\frac{\mathrm{e}^{2M}}{2\tau m_L}(M_L-m_L)M_L+\lambda^{-2}(\mathrm{e}^{-1}+\|C(x)\log C(x)\|_{L^\infty(0,1)})\right]$$

$$=\frac{2\sqrt6}{\sqrt{m_L}\varepsilon}\cdot M^2\cdot\frac{m_L}{2}=\frac{\sqrt{6m_L}\cdot M^2}{\varepsilon}\,,$$

从而（2.2.20）式成立.

（2.2.4）式两边在 $(0,x)$ 上积分，得

$$T_x=-\frac{\mathrm{e}^{-u}}{\tau}\int_0^x \mathrm{e}^u(T_L(x)-T)\mathrm{d}x\,,$$

所以由（2.2.12）式和 $0<m_L\leqslant T\leqslant M_L$ 知（2.2.21）式成立.

定理 2.2.2 的证明：$(u_1,T_1),(u_2,T_2)\in H^4(0,1)\times H^2(0,1)$ 为问题（2.2.3），（2.2.4），

（2.2.6）的两个解. 用 $T_1 - T_2$ 分别作为

$$-(\mathrm{e}^{u_1} T_{1x})_x = \frac{\mathrm{e}^{u_1}}{\tau}(T_L(x) - T_1)$$

和
$$-(\mathrm{e}^{u_2} T_{2x})_x = \frac{\mathrm{e}^{u_2}}{\tau}(T_L(x) - T_2)$$

的试验函数并两式相减，得

$$\int_0^1 \mathrm{e}^{u_1}(T_1 - T_2)_x^2 \mathrm{d}x = -\int_0^1 T_{2x}(\mathrm{e}^{u_1} - \mathrm{e}^{u_2})(T_1 - T_2)_x \mathrm{d}x - \frac{1}{\tau}\int_0^1 \mathrm{e}^{u_1}(T_1 - T_2)^2 \mathrm{d}x +$$

$$\frac{1}{\tau}\int_0^1 (T_L(x) - T_2)(\mathrm{e}^{u_1} - \mathrm{e}^{u_2})(T_1 - T_2)\mathrm{d}x$$

$$\leqslant -\int_0^1 T_{2x}(\mathrm{e}^{u_1} - \mathrm{e}^{u_2})(T_1 - T_2)_x \mathrm{d}x +$$

$$\frac{1}{\tau}\int_0^1 (T_L(x) - T_2)(\mathrm{e}^{u_1} - \mathrm{e}^{u_2})(T_1 - T_2)\mathrm{d}x . \qquad （2.2.22）$$

由 $\|u\|_{L^\infty(0,1)} \leqslant M$ 知

$$\int_0^1 \mathrm{e}^{u_1}(T_1 - T_2)_x^2 \mathrm{d}x \geqslant \mathrm{e}^{-M}\int_0^1 (T_1 - T_2)_x^2 \mathrm{d}x . \qquad （2.2.23）$$

由拉格朗日中值定理及 $\|u\|_{L^\infty(0,1)} \leqslant M$ 知

$$\left| \mathrm{e}^{u_1} - \mathrm{e}^{u_2} \right| \leqslant \mathrm{e}^M |u_1 - u_2| ,$$

所以再由（2.2.21）式，Holder 不等式及 Poincare 不等式，得

$$-\int_0^1 T_{2x}(\mathrm{e}^{u_1} - \mathrm{e}^{u_2})(T_1 - T_2)_x \mathrm{d}x$$

$$\leqslant \frac{\mathrm{e}^{2M}}{\tau}(M_L - m_L)\int_0^1 \mathrm{e}^M |u_1 - u_2| \cdot |(T_1 - T_2)_x| \mathrm{d}x$$

$$\leqslant \frac{\mathrm{e}^{3M}}{\tau}(M_L - m_L)\left[\int_0^1 (u_1 - u_2)^2 \mathrm{d}x \right]^{\frac{1}{2}}\left[\int_0^1 (T_1 - T_2)_x^2 \mathrm{d}x \right]^{\frac{1}{2}}$$

$$\leqslant \frac{\mathrm{e}^{3M}}{\sqrt{2}\tau}(M_L - m_L)\left[\int_0^1 (u_1 - u_2)_x^2 \mathrm{d}x \right]^{\frac{1}{2}}\left[\int_0^1 (T_1 - T_2)_x^2 \mathrm{d}x \right]^{\frac{1}{2}} . \qquad （2.2.24）$$

由 $0 < m_L \leqslant T \leqslant M_L$，类似式（2.2.24）估计，可以得到

$$\frac{1}{\tau}\int_0^1 (T_L(x) - T_2)(e^{u_1} - e^{u_2})(T_1 - T_2)dx$$

$$\leqslant \frac{e^M}{2\tau}(M_L - m_L)\left[\int_0^1 (u_1 - u_2)_x^2 dx\right]^{\frac{1}{2}}\left[\int_0^1 (T_1 - T_2)_x^2 dx\right]^{\frac{1}{2}}. \qquad (2.2.25)$$

由（2.2.22）~（2.2.25）式可得

$$\left[\int_0^1 (T_1 - T_2)_x^2 dx\right]^{\frac{1}{2}} \leqslant \frac{e^{2M}(\sqrt{2}e^{2M} + 1)}{2\tau}(M_L - m_L)\left[\int_0^1 (u_1 - u_2)_x^2 dx\right]^{\frac{1}{2}}.$$

$$(2.2.26)$$

用 $u_1 - u_2$ 分别作为

$$\frac{\varepsilon^2}{12}\left(u_{1xx} + \frac{u_{1x}^2}{2}\right)_{xx} - T_{1xx} - (u_{1x}T_1)_x + \frac{e^{u_1} - C(x)}{\lambda^2} = J_0(e^{-u_1})_x$$

和 $\qquad \frac{\varepsilon^2}{12}\left(u_{2xx} + \frac{u_{2x}^2}{2}\right)_{xx} - T_{2xx} - (u_{2x}T_2)_x + \frac{e^{u_2} - C(x)}{\lambda^2} = J_0(e^{-u_2})_x$

的试验函数并两式相减，得

$$\frac{\varepsilon^2}{12}\int_0^1 (u_1 - u_2)_{xx}^2 dx + \frac{\varepsilon^2}{24}\int_0^1 (u_{1x}^2 - u_{2x}^2)(u_1 - u_2)_{xx}dx +$$

$$+ \int_0^1 (T_1 - T_2)_x(u_1 - u_2)_x dx +$$

$$\int_0^1 T_1(u_1 - u_2)_x^2 dx + \int_0^1 u_{2x}(T_1 - T_2)(u_1 - u_2)_x dx + \frac{1}{\lambda^2}\int_0^1 (e^{u_1} - e^{u_2})(u_1 - u_2)dx$$

$$= -J_0\int_0^1 (e^{-u_1} - e^{-u_2})(u_1 - u_2)_x dx. \qquad (2.2.27)$$

由（2.2.20）式及 Young 不等式，得

$$\frac{\varepsilon^2}{24}\int_0^1 (u_{1x}^2 - u_{2x}^2)(u_1 - u_2)_{xx}dx = \frac{\varepsilon^2}{24}\int_0^1 (u_{1x} + u_{2x})(u_1 - u_2)_x(u_1 - u_2)_{xx}dx$$

$$\geq -\frac{\varepsilon^{\frac{3}{2}}\sqrt[4]{6m_L}\cdot M}{12}\int_0^1\left|(u_1-u_2)_x\right|\cdot\left|(u_1-u_2)_{xx}\right|\mathrm{d}x$$

$$\geq -\frac{\varepsilon^2}{24}\int_0^1(u_1-u_2)_{xx}^2\mathrm{d}x-\frac{\varepsilon M^2}{24}\sqrt{6m_L}\int_0^1(u_1-u_2)_x^2\mathrm{d}x.\tag{2.2.28}$$

由 Holder 不等式及（2.2.26）式，得

$$\int_0^1(T_1-T_2)_x(u_1-u_2)_x\mathrm{d}x\geq-\left[\int_0^1(u_1-u_2)_x^2\mathrm{d}x\right]^{\frac{1}{2}}\left[\int_0^1(T_1-T_2)_x^2\mathrm{d}x\right]^{\frac{1}{2}}$$

$$\geq-\frac{e^{2M}(\sqrt2e^{2M}+1)(M_L-m_L)}{2\tau}$$

$$\int_0^1(u_1-u_2)_x^2\mathrm{d}x.\tag{2.2.29}$$

由 $0<m_L\leq T\leq M_L$ 知

$$\int_0^1T_1(u_1-u_2)_x^2\mathrm{d}x\geq m_L\int_0^1(u_1-u_2)_x^2\mathrm{d}x.\tag{2.2.30}$$

由（2.2.20）式，Holder 不等式，Poincare 不等式及（2.2.26）式，得

$$\int_0^1u_{2x}(T_1-T_2)(u_1-u_2)_x\mathrm{d}x$$

$$\geq-\frac{\sqrt[4]{6m_L}\cdot M}{\sqrt\varepsilon}\int_0^1|T_1-T_2|\cdot|(u_1-u_2)_x|\mathrm{d}x$$

$$\geq-\frac{\sqrt[4]{6m_L}\cdot M}{\sqrt{2\varepsilon}}\left[\int_0^1(u_1-u_2)_x^2\mathrm{d}x\right]^{\frac{1}{2}}\left[\int_0^1(T_1-T_2)_x^2\mathrm{d}x\right]^{\frac{1}{2}}$$

$$\geq\frac{\sqrt[4]{6m_L}\cdot M\cdot e^{2M}(\sqrt2e^{2M}+1)(M_L-m_L)}{2\sqrt{2\varepsilon}\cdot\tau}\int_0^1(u_1-u_2)_x^2\mathrm{d}x.\tag{2.2.31}$$

由函数 e^x 的单调递增性可知

$$\frac{1}{\lambda^2}\int_0^1(e^{u_1}-e^{u_2})(u_1-u_2)\mathrm{d}x\geq0.\tag{2.2.32}$$

由拉格朗日中值定理，$\|u\|_{L^\infty(0,1)}\leq M$，Holder 不等式及 Poincare 不等式，得

$$-J_0 \int_0^1 (e^{-u_1} - e^{-u_2})_x (u_1 - u_2)_x \, dx$$

$$\leqslant |J_0| e^M \int_0^1 |u_1 - u_2| \cdot |(u_1 - u_2)_x| \, dx$$

$$\leqslant \frac{|J_0| e^M}{\sqrt{2}} \int_0^1 (u_1 - u_2)_x^2 \, dx. \tag{2.2.33}$$

由（2.2.27）~（2.2.33）式，得

$$\frac{\varepsilon^2}{24} \int_0^1 (u_1 - u_2)_{xx}^2 \, dx + C_0 \int_0^1 (u_1 - u_2)_x^2 \, dx \leqslant 0, \tag{2.2.34}$$

其中

$$C_0 = m_L - \frac{\varepsilon M^2}{24} \sqrt{6 m_L} - \frac{|J_0| e^M}{\sqrt{2}}$$

$$- \frac{e^{2M}(\sqrt{2\varepsilon} + \sqrt[4]{6 m_L} \cdot M)(\sqrt{2} e^{2M} + 1)(M_L - m_L)}{2\sqrt{2\varepsilon} \cdot \tau}.$$

由（2.2.34）式及条件（2.2.19）式知 $u_1 = u_2$，再由（2.2.26）式知 $T_1 = T_2$，定理 2.2.2 得证.

2.3　定理 2.1.3 和定理 2.1.4 的证明

由于定理 2.1.3 的证明和定理 2.1.1 的证明十分类似，但略有不同，所以我们只对其进行简要证明. 令 $n = e^u$，则对于古典解 $n > 0$ 来说，问题（2.1.10）~（2.1.13）与下面的问题等价：

$$\frac{\varepsilon^2}{12}\left(u_{xx} + \frac{u_x^2}{2}\right)_{xx} - T_{xx} - (u_x T)_x + \frac{e^u - C(x)}{\lambda^2} = J_0(e^{-u})_x, \tag{2.3.1}$$

$$-\left(e^u T T_x\right)_x = \frac{e^u}{\tau}(T_L(x) - T), \tag{2.3.2}$$

$$V(x) = -\frac{\varepsilon^2}{12}\left(u_{xx} + \frac{u_x^2}{2}\right)(x) + T(x) +$$

$$\int_0^x u_x(s) T(s) \, ds + J_0 \int_0^x e^{-u(s)} \, ds, \tag{2.3.3}$$

$$u(0) = u(1) = 0 \ , \quad u_x(0) = u_x(1) = 0 \ , \quad T(0) = T_0 \ ,$$

$$T_x(0) = T_x(1) = 0 \ , \tag{2.3.4}$$

$$V(0) = V_0 = -\frac{\varepsilon^2}{12} u_{xx}(0) + T_0 \ . \tag{2.3.5}$$

与定理 2.1.1 的证明不同的是，对于方程（2.3.2）我们需进行如下截断：

$$-\left(e^{u_M} T_{m_L, M_L} T_x \right)_x = \frac{e^{u_M}}{\tau} (T_L(x) - T) \ , \tag{2.3.6}$$

其中 $u_M = \min\{M, \max\{-M, u\}\}$ ， $T_{m_L, M_L} = \max\{m_L, \min\{T, M_L\}\}$ ， M 的定义见（2.1.14）式.

引理 2.3.1 设 $(u, T) \in H_0^2(0,1) \times H^1(0,1)$ 为问题（2.3.1），（2.3.6），（2.3.4）的解，则

$$\frac{\varepsilon^2}{12} \|u_{xx}\|_{L^2(0,1)}^2 + \frac{m_L}{2} \|u_x\|_{L^2(0,1)}^2 \leqslant \frac{M_L e^{2M}}{2m_L^2 \tau} (M_L - m_L) +$$

$$\lambda^{-2} \left(e^{-1} + \|C(x) \log C(x)\|_{L^\infty(0,1)} \right). \tag{2.3.7}$$

另外，成立 $0 < m_L \leqslant T \leqslant M_L$ ， $\|u\|_{L^\infty(0,1)} \leqslant M$ ， $\|T_x\|_{L^2(0,1)} \leqslant e^M \sqrt{\dfrac{M_L}{m_L \tau} (M_L - m_L)}$.

证明：引理 2.3.1 的证明与引理 2.2.1 略有不同的是，用 $\varphi = T$ 作为（2.3.6）式的试验函数，得

$$m_L e^{-M} \int_0^1 T_x^2 \mathrm{d}x \leqslant \int_0^1 e^{u_M} T_{m_L, M_L} T_x^2 \mathrm{d}x$$

$$= \frac{1}{\tau} \int_0^1 e^{u_M} (T_L(x) - T) T \mathrm{d}x \leqslant \frac{e^M}{\tau} (M_L - m_L) M_L \ ,$$

所以 $\qquad \|T_x\|_{L^2(0,1)} \leqslant e^M \sqrt{\dfrac{M_L}{m_L \tau} (M_L - m_L)}$ ，

其他证明步骤略.

引理 2.3.2 在定理 2.1.3 条件下，问题（2.3.1），（2.3.2），（2.3.4）存在

解 $(u,T) \in H_0^2(0,1) \times H^1(0,1)$.

证明：对于给定的 $(w,R) \in W_0^{1,4}(0,1) \times L^2(0,1)$，设 $T \in H^1(0,1)$ 为

$$-\left(\mathrm{e}^{w_M} R_{m_L,M_L} T_x\right)_x = \frac{\mathrm{e}^{w_M}}{\tau}(T_L(x)-T)，\quad T_x(0)=T_x(1)=0$$

的唯一解，由引理 2.3.1 知 $0 < m_L \leqslant T \leqslant M_L$. 由于 $w \in W_0^{1,4}(0,1)$，所以 $w_x^2 \in L^2(0,1)$，从而对于试验函数 $\psi \in H_0^2(0,1)$，我们可以利用 Lax-Milgram 定理证明线性问题

$$\frac{\varepsilon^2}{12}\int_0^1 u_{xx}\psi_{xx}\mathrm{d}x + \frac{\sigma\varepsilon^2}{24}\int_0^1 w_x^2\psi_{xx}\mathrm{d}x + \sigma\int_0^1 T_x\psi_x\mathrm{d}x + \int_0^1 Tu_x\psi_x\mathrm{d}x$$

$$= -\frac{\sigma}{\lambda^2}\int_0^1 (\mathrm{e}^w - C(x))\psi\mathrm{d}x - \sigma J_0\int_0^1 \mathrm{e}^{-w}\psi_x\mathrm{d}x$$

有解 $u \in H_0^2(0,1)$，其中 $\sigma \in [0,1]$，见引理 2.2.2 的证明. 所以算子

$$S：W_0^{1,4}(0,1)\times L^2(0,1)\times[0,1] \to W_0^{1,4}(0,1)\times L^2(0,1)，\quad (w,R,\sigma)\mapsto(u,T)$$

是有定义的。由于 $H_0^2(0,1) \subset W_0^{1,4}(0,1)$ 和 $H^1(0,1) \subset L^2(0,1)$ 都是紧嵌入，所以我们可利用 Leray-Schauder 不动点定理得到引理 2.3.2 的证明，详情略.

有了引理 2.3.2，我们可以仿照 2.2 节中逐步提升解的正则性方法得到 $(u,T,V) \in H^4(0,1) \times H^2(0,1) \times H^2(0,1)$，从而完成定理 2.1.3 的证明.

定理 2.1.4 的证明：由于对于古典解 $n > 0$ 来说，问题（2.1.10）~（2.1.13）与（2.3.1）~（2.3.5）等价，所以为了证明定理 2.1.4，我们只需证明问题（2.3.1），（2.3.2），（2.3.4）的解 (μ,T) 是唯一的. 为此，我们有如下结论：

定理 2.3.1 设定理 2.1.3 的条件成立，再若 m_L 充分大且 $M_L - m_L$ 与 $|J_0|$ 相对较小，使得

$$2m_L^2\tau\mathrm{e}^{-M} - \sqrt{2}\mathrm{e}^M(M_L - m_L) > 0，\tag{2.3.8}$$

$$m_L - \frac{\varepsilon M^2}{48}\sqrt{6m_L} - \frac{|J_0|}{\sqrt{2}}\mathrm{e}^M -$$

$$\left(1 + \frac{\sqrt[4]{6m_L}\cdot M}{\sqrt{2}\varepsilon}\right)\frac{(M_L - m_L)\mathrm{e}^M(\sqrt{2}M_L\mathrm{e}^{2M} + m_L)}{2m_L^2\tau\mathrm{e}^{-M} - \sqrt{2}\mathrm{e}^M(M_L - m_L)} > 0 \tag{2.3.9}$$

则问题（2.3.1），（2.3.2），（2.3.4）的解 $(u,T)\in H^4(0,1)\times H^2(0,1)$ 是唯一的.

注 2.3.1 由（2.1.14）式可以看出，当 m_L 充分大且 M_L-m_L 相对较小时，M 也会较小，从而当 m_L 充分大且 M_L-m_L 与 $|J_0|$ 相对较小时可以使（2.3.8），（2.3.9）式都成立.

定理 2.3.1 的证明需要如下引理：

引理 2.3.3 设 $(u,T)\in H^4(0,1)\times H^2(0,1)$ 是问题（2.3.1），（2.3.2），（2.3.4）的解，则

$$\|u_x\|_{L^{\infty}(0,1)}\leqslant\frac{\sqrt[4]{6m_L}\cdot M}{\sqrt{\varepsilon}},\qquad (2.3.10)$$

$$\|e^u T_x\|_{L^{\infty}(0,1)}\leqslant\frac{e^M}{m_L\tau}(M_L-m_L),\qquad (2.3.11)$$

$$\|T_x\|_{L^{\infty}(0,1)}\leqslant\frac{e^{2M}}{m_L\tau}(M_L-m_L).\qquad (2.3.12)$$

证明：由均值不等式，（2.3.7）式及（2.1.14）式，得

$$\frac{\sqrt{m_L}}{\sqrt{6}}\varepsilon\|u_{xx}\|_{L^2(0,1)}\cdot\|u_x\|_{L^2(0,1)}\leqslant\frac{\varepsilon^2}{12}\|u_{xx}\|_{L^2(0,1)}^2+\frac{m_L}{2}\|u_x\|_{L^2(0,1)}^2$$

$$\leqslant\frac{M_L e^{2M}}{2m_L^2\tau}(M_L-m_L)+\lambda^{-2}\left(e^{-1}+\|C(x)\log C(x)\|_{L^{\infty}(0,1)}\right)=\frac{m_L}{2}M^2,$$

所以由 Holder 不等式，得

$$u_x^2(x)=2\int_0^x u_{xx}(s)u_x(s)\mathrm{d}s\leqslant 2\|u_{xx}\|_{L^2(0,1)}\cdot\|u_x\|_{L^2(0,1)}$$

$$\leqslant\frac{2\sqrt{6}}{\sqrt{m_L}\varepsilon}\cdot\frac{m_L}{2}M^2=\frac{\sqrt{6m_L}\cdot M^2}{\varepsilon},$$

从而（2.3.10）式成立.

（2.3.2）式两边在 $(0,x)$ 上积分，得

$$e^u T_x=-\frac{1}{\tau T}\int_0^x e^u(T_L(x)-T)\mathrm{d}x,$$

所以由 $\|u\|_{L^{\infty}(0,1)}\leqslant M$ 和 $0<m_L\leqslant T\leqslant M_L$ 知（2.3.11）式成立. 由（2.3.11）式及

$e^u \geqslant e^{-M}$ 知（2.3.12）式成立. 证毕.

定理 2.3.1 的证明：设 (u_1, T_1)，$(u_2, T_2) \in H^4(0,1) \times H^2(0,1)$ 为问题（2.3.1），（2.3.2），（2.3.4）的两个解. 用 $T_1 - T_2$ 分别作为

$$-\left(e^{u_1} T_1 T_{1x}\right)_x = \frac{e^{u_1}}{\tau}(T_L(x) - T_1)$$

和

$$-\left(e^{u_2} T_2 T_{2x}\right)_x = \frac{e^{u_2}}{\tau}(T_L(x) - T_2)$$

的试验函数并两式相减，得

$$\int_0^1 e^{u_1} T_1 (T_1 - T_2)_x^2 \, dx = -\int_0^1 e^{u_1} T_{2x}(T_1 - T_2)(T_1 - T_2)_x \, dx -$$

$$\int_0^1 (e^{u_1} - e^{u_2}) T_2 T_{2x}(T_1 - T_2)_x \, dx -$$

$$\frac{1}{\tau}\int_0^1 e^{u_1}(T_1 - T_2)^2 \, dx + \frac{1}{\tau}\int_0^1 (T_L(x) - T_2)(e^{u_1} - e^{u_2})(T_1 - T_2) \, dx. \quad （2.3.13）$$

显然，（2.3.13）式的左边

$$\int_0^1 e^{u_1} T_1 (T_1 - T_2)_x^2 \, dx \geqslant m_L e^{-M} \int_0^1 (T_1 - T_2)_x^2 \, dx, \quad （2.3.14）$$

且（2.3.13）式的右边第三项

$$-\frac{1}{\tau}\int_0^1 e^{u_1}(T_1 - T_2)^2 \, dx \leqslant 0. \quad （2.3.15）$$

由（2.3.11）式，Holder 不等式及 Poincare 不等式，得

$$-\int_0^1 e^{u_1} T_{2x}(T_1 - T_2)(T_1 - T_2)_x \, dx$$

$$\leqslant \frac{e^M}{\sqrt{2} m_L \tau}(M_L - m_L)\int_0^1 (T_1 - T_2)_x^2 \, dx \quad （2.3.16）$$

由拉格朗日中值定理及 $\|u\|_{L^\infty(0,1)} \leqslant M$ 知，$\left|e^{u_1} - e^{u_2}\right| \leqslant e^M \left|u_1 - u_2\right|$，所以再由

$0 < m_L \leqslant T \leqslant M_L$, （2.3.12）式，Holder 不等式及 Poincare 不等式，得

$$-\int_0^1 (e^{u_1} - e^{u_2}) T_2 T_{2x} (T_1 - T_2)_x \mathrm{d}x$$

$$\leqslant \frac{M_L e^{3M}}{\sqrt{2} m_L \tau} (M_L - m_L) \left[\int_0^1 (u_1 - u_2)_x^2 \mathrm{d}x \right]^{\frac{1}{2}} \cdot \left[\int_0^1 (T_1 - T_2)_x^2 \mathrm{d}x \right]^{\frac{1}{2}}, \qquad （2.3.17）$$

$$\frac{1}{\tau} \int_0^1 (T_L(x) - T_2)(e^{u_1} - e^{u_2})(T_1 - T_2) \mathrm{d}x$$

$$\leqslant \frac{e^M}{2\tau} (M_L - m_L) \left[\int_0^1 (u_1 - u_2)_x^2 \mathrm{d}x \right]^{\frac{1}{2}} \cdot \left[\int_0^1 (T_1 - T_2)_x^2 \mathrm{d}x \right]^{\frac{1}{2}}. \qquad （2.3.18）$$

由（2.3.13）~（2.3.18）式可得

$$\left[\int_0^1 (T_1 - T_2)_x^2 \mathrm{d}x \right]^{\frac{1}{2}} \leqslant \frac{(M_L - m_L)e^M (\sqrt{2} M_L e^{2M} + m_L)}{2 m_L^2 \tau e^{-M} - \sqrt{2} e^M (M_L - m_L)} \left[\int_0^1 (u_1 - u_2)_x^2 \mathrm{d}x \right]^{\frac{1}{2}}.$$

$$（2.3.19）$$

用 $u_1 - u_2$ 分别作为

$$\frac{\varepsilon^2}{12} \left(u_{1xx} + \frac{u_{1x}^2}{2} \right)_{xx} - T_{1xx} - (u_{1x} T_1)_x + \frac{e^{u_1} - C(x)}{\lambda^2} = J_0 (e^{-u_1})_x$$

和

$$\frac{\varepsilon^2}{12} \left(u_{2xx} + \frac{u_{2x}^2}{2} \right)_{xx} - T_{2xx} - (u_{2x} T_2)_x + \frac{e^{u_2} - C(x)}{\lambda^2} = J_0 (e^{-u_2})_x$$

的试验函数并将两式相减，得

$$\frac{\varepsilon^2}{12} \int_0^1 (u_1 - u_2)_{xx}^2 \mathrm{d}x + \frac{\varepsilon^2}{24} \int_0^1 (u_{1x}^2 - u_{2x}^2)(u_1 - u_2)_{xx} \mathrm{d}x +$$

$$\int_0^1 (T_1 - T_2)_x (u_1 - u_2)_x \mathrm{d}x +$$

$$\int_0^1 T_1 (u_1 - u_2)_x^2 \mathrm{d}x + \int_0^1 u_{2x}(T_1 - T_2)(u_1 - u_2)_x \mathrm{d}x + \frac{1}{\lambda^2} \int_0^1 (e^{u_1} - e^{u_2})(u_1 - u_2)_x \mathrm{d}x$$

$$= -J_0 \int_0^1 (e^{-u_1} - e^{-u_2})(u_1 - u_2)_x \mathrm{d}x . \qquad （2.3.20）$$

显然，

$$\int_0^1 T_1(u_1 - u_1)_x^2 \mathrm{d}x \geqslant m_L \int_0^1 (u_1 - u_2)_x^2 \mathrm{d}x,\tag{2.3.21}$$

$$\frac{1}{\lambda^2}\int_0^1 (\mathrm{e}^{u_1} - \mathrm{e}^{u_2})(u_1 - u_2)\mathrm{d}x \geqslant 0.\tag{2.3.22}$$

由（2.3.10）式及 Young 不等式，得

$$\frac{\varepsilon^2}{24}\int_0^1 (u_{1x}^2 - u_{2x}^2)(u_1 - u_2)_{xx}\mathrm{d}x$$

$$= \frac{\varepsilon^2}{24}\int_0^1 (u_{1x} + u_{2x})(u_1 - u_2)_x(u_1 - u_2)_{xx}\mathrm{d}x$$

$$\geqslant -\frac{\varepsilon^{\frac{3}{2}}\sqrt[4]{6m_L}\cdot M}{12}\int_0^1 \left|(u_1 - u_2)_x\right| \cdot \left|(u_1 - u_2)_{xx}\right| \mathrm{d}x$$

$$\geqslant -\frac{\varepsilon^2}{12}\int_0^1 (u_1 - u_2)_{xx}^2 \mathrm{d}x - \frac{\varepsilon M^2}{48}\sqrt{6m_L}\int_0^1 (u_1 - u_2)_x^2 \mathrm{d}x.\tag{2.3.23}$$

由 Holder 不等式及（2.3.19）式，得

$$\int_0^1 (T_1 - T_2)_x(u_1 - u_2)_x \mathrm{d}x \geqslant$$

$$-\frac{(M_L - m_L)\mathrm{e}^M(\sqrt{2}M_L\mathrm{e}^{2M} + m_L)}{2m_L^2\tau\mathrm{e}^{-M} - \sqrt{2}\mathrm{e}^M(M_L - m_L)}\int_0^1 (u_1 - u_2)_x^2 \mathrm{d}x.\tag{2.3.24}$$

由（2.3.10）式，Holder 不等式，Poincare 不等式及（2.3.19）式，得

$$\int_0^1 u_{2x}(T_1 - T_2)(u_1 - u_2)_x \mathrm{d}x$$

$$\geqslant -\frac{\sqrt[4]{6m_L}\cdot M}{\sqrt{2}\varepsilon} \cdot \frac{(M_L - m_L)\mathrm{e}^M(\sqrt{2}M_L\mathrm{e}^{2M} + m_L)}{2m_L^2\tau\mathrm{e}^{-M} - \sqrt{2}\mathrm{e}^M(M_L - m_L)}$$

$$\int_0^1 (u_1 - u_2)_x^2 \mathrm{d}x.\tag{2.3.25}$$

由拉格朗日中值定理，$\|u\|_{L^\infty(0,1)} \leqslant M$，Holder 不等式及 Poincare 不等式，得

$$-J_0 \int_0^1 (e^{-u_1} - e^{-u_2})_x (u_1 - u_2)_x \mathrm{d}x \leqslant \frac{|J_0| e^M}{\sqrt{2}} \int_0^1 (u_1 - u_2)_x^2 \mathrm{d}x. \quad (2.3.26)$$

由（2.3.20）~（2.3.26）式，得

$$\left[m_L - \frac{\varepsilon M^2}{48} \sqrt{6m_L} - \frac{|J_0|}{\sqrt{2}} e^M - \right.$$

$$\left. \left(1 + \frac{\sqrt[4]{6m_L} \cdot M}{\sqrt{2\varepsilon}}\right) \frac{(M_L - m_L) e^M (\sqrt{2} M_L e^{2M} + m_L)}{2m_L^2 \tau\, e^{-M} - \sqrt{2} e^M (M_L - m_L)} \right].$$

$$\int_0^1 (u_1 - u_2)_x^2 \mathrm{d}x \leqslant 0.$$

由此式及条件（2.3.9）式知 $u_1 = u_2$，再由（2.3.19）式及（2.3.8）式知 $T_1 = T_2$，定理 2.3.1 得证。

2.4　定理 2.1.5 的证明

我们首先把方程（2.1.15）和（2.1.17）转化为一个四阶椭圆方程，然后再利用指数变换.（2.1.15）式除以 n 再关于 x 求导，并利用（2.1.17）式得

$$\frac{\varepsilon^2}{6}\left(\frac{(\sqrt{n})_{xx}}{\sqrt{n}}\right)_{xx} - T_{xx} - [(\log n)_x T]_x + \frac{n - C(x)}{\lambda^2} = J_0 \left(\frac{1}{n}\right)_x, \quad (2.4.1)$$

电位势 V 可以通过（2.1.15）除以 n 再积分得到表达式（注意边界条件（2.1.18）~（2.1.20）可以使积分常数消失）：

$$V(x) = -\frac{\varepsilon^2}{6} \frac{(\sqrt{n})_{xx}}{\sqrt{n}}(x) + T(x) + \int_0^x (\log n)_x(s) T(s) \mathrm{d}s + J_0 \int_0^x \frac{\mathrm{d}s}{n(s)}. \quad (2.4.2)$$

令 $n = e^u$，则（2.4.1），（2.1.16），（2.4.2）和（2.1.18）~（2.1.20）可写成

$$\frac{\varepsilon^2}{12}\left(u_{xx} + \frac{u_x^2}{2}\right)_{xx} - T_{xx} - (u_x T)_x + \frac{e^u - C(x)}{\lambda^2} = J_0 (e^{-u})_x, \quad (2.4.3)$$

$$-(e^u T_x)_x = \frac{e^u}{\tau}(T_L(x) - T), \quad (2.4.4)$$

$$V(x) = -\frac{\varepsilon^2}{12}\left(u_{xx} + \frac{u_x^2}{2}\right)(x) + T(x) + \int_0^x u_x(s) T(s) \mathrm{d}s + J_0 \int_0^x e^{-u(s)} \mathrm{d}s, \quad (2.4.5)$$

$$u(0)=u_0 \ , \ u(1)=u_1 \ , \ u_x(0)=u_x(1)=0 \ , \tag{2.4.6}$$

$$T(0)=T_0 \ , \quad T_x(0)=T_x(1)=0 \ , \tag{2.4.7}$$

$$V(0)=V_0=-\frac{\varepsilon^2}{12}u_{xx}(0)+T_0 \ , \tag{2.4.8}$$

其中 $u_0=\log n_0$, $u_1=\log n_1$.

容易证明问题（2.1.15）~（2.1.20）与问题（2.4.3）~（2.4.8）对于古典解 $n>0$ 来说是等价的. 下面证明问题（2.4.3）~（2.4.8）解的存在性.

我们考虑如下截断问题：

$$\frac{\varepsilon^2}{12}\left(u_{xx}+\frac{u_x^2}{2}\right)_{xx}-T_{xx}-(u_xT)_x+\frac{e^u-C(x)}{\lambda^2}=J_0(e^{-u_M})_x \ , \tag{2.4.9}$$

$$-(e^{u_M}T_x)_x=\frac{e^{u_M}}{\tau}(T_L(x)-T) \ , \tag{2.4.10}$$

其中 $M>0$ 的定义见（2.1.21）式，$u_M=\min\{M,\max\{-M,u\}\}$. 我们需要如下引理：

引理 2.4.1 设 $(u,T)\in H^2(0,1)\times H^1(0,1)$ 为问题（2.4.9），（2.4.10），（2.4.6），（2.4.7）的解，则

$$\frac{\varepsilon^2}{24}(1-2\mu\alpha)\|u_{xx}\|_{L^2(0,1)}^2+\frac{m_L}{16}\|u_x\|_{L^2(0,1)}^2\leqslant c_0 \ , \tag{2.4.11}$$

这里 c_0 的定义见（2.1.22）式. 另外成立

$$\|u\|_{L^\infty(0,1)}\leqslant M \ , \quad \|T_x\|_{L^2(0,1)}\leqslant e^M\sqrt{(M_L-m_L)M_L\tau^{-1}} \ ,$$

常数 $M>0$ 的定义见（2.1.21）式.

证明：定义函数 $u_D\in C^2[0,1]$ ，使其满足边界条件 $u_D(0)=u_0$ ， $u_D(1)=u_1$ ， $u_{Dx}(0)=u_{Dx}(1)=0$ ，有

$$u_{Dxx}(x)=\begin{cases}\dfrac{4\alpha}{\mu^2(1-\mu)}x, & x\in\left[0,\dfrac{\mu}{2}\right)\\[2mm]\dfrac{4\alpha}{\mu^2(1-\mu)}(\mu-x), & x\in\left[\dfrac{\mu}{2},\mu\right)\\[2mm]0, & x\in\left[\mu,\dfrac{1}{2}\right],\end{cases}$$

其中 $\alpha=|u_1-u_0|$，$\mu\in\left(0,\dfrac{1}{2}\right]$，$\mu<\dfrac{1}{2\alpha}$. 对于 $x\in\left(\dfrac{1}{2},1\right]$，定义 $u_{Dxx}(x)=-u_{Dxx}(1-x)$.
经过基本的运算可得

$$u_{Dxx}(x)=\begin{cases}0, & x\in\left(\dfrac{1}{2},1-\mu\right]\\[2mm]\dfrac{4\alpha}{\mu^2(1-\mu)}(1-\mu-x), & x\in\left(1-\mu,1-\dfrac{\mu}{2}\right]\\[2mm]\dfrac{4\alpha}{\mu^2(1-\mu)}(x-1), & x\in\left(1-\dfrac{\mu}{2},1\right],\end{cases}$$

$$u_{Dx}=\begin{cases}\dfrac{2\alpha x^2}{\mu^2(1-\mu)}, & x\in\left[0,\dfrac{\mu}{2}\right)\\[2mm]\dfrac{\alpha}{1-\mu}-\dfrac{2\alpha(\mu-x)^2}{\mu^2(1-\mu)}, & x\in\left[\dfrac{\mu}{2},\mu\right)\\[2mm]\dfrac{\alpha}{1-\mu}, & x\in[\mu,1-\mu]\\[2mm]\dfrac{\alpha}{1-\mu}-\dfrac{2\alpha}{\mu^2(1-\mu)}(1-\mu-x)^2, & x\in\left(1-\mu,1-\dfrac{\mu}{2}\right]\\[2mm]\dfrac{2\alpha}{\mu^2(1-\mu)}(x-1)^2, & x\in\left(1-\dfrac{\mu}{2},1\right],\end{cases}$$

$$\int_0^{1/2}x\left|u_{Dxx}(x)\right|\mathrm{d}x+\int_{1/2}^1(1-x)\left|u_{Dxx}(x)\right|\mathrm{d}x=\dfrac{\mu\alpha}{1-\mu}\leqslant 2\mu\alpha, \qquad(2.4.12)$$

$$\int_0^1\left|u_{Dxx}(x)\right|^2\mathrm{d}x=\dfrac{8\alpha^2}{3\mu(1-\mu)}, \qquad(2.4.13)$$

$$\int_0^1\left|u_{Dx}(x)\right|^2\mathrm{d}x=\dfrac{(30-37\mu)\alpha^2}{30(1-\mu)^2}\leqslant\dfrac{23}{15}\alpha^2, \qquad(2.4.14)$$

$$\int_0^1\left|u_{Dx}(x)\right|\mathrm{d}x=\alpha. \qquad(2.4.15)$$

用 $\varphi=(T-M_L)^+=\max\{0,T-M_L\}\in H^1(0,1)$ 作为（2.4.10）式的试验函数，得

$$\int_0^1\mathrm{e}^{u_M}(T-M_L)_x^{+2}\mathrm{d}x=\dfrac{1}{\tau}\int_0^1\mathrm{e}^{u_M}(T_L(x)-T)(T-M_L)^+\mathrm{d}x\leqslant 0,$$

这里我们用到了条件 $T_L(x) \leqslant M_L$，$x \in (0,1)$，所以 $(T-M_L)^+ = 0$，从而 $T \leqslant M_L$，$x \in (0,1)$. 类似地，用 $\varphi = (T-M_L)^- = \min\{0, T-M_L\} \in H^1(0,1)$ 作为（2.4.10）式的试验函数，我们可以得到 $T \geqslant m_L > 0$，$x \in (0,1)$.

用 $\varphi = T$ 作为（2.4.10）式的试验函数，得

$$\int_0^1 e^{u_M} T_x^2 dx = \frac{1}{\tau} \int_0^1 e^{u_M} (T_L(x) - T) T dx \leqslant \frac{e^M}{\tau} (M_L - m_L) M_L.$$

由此不等式和

$$e^{-M} \int_0^1 T_x^2 dx \leqslant \int_0^1 e^{u_M} T_x^2 dx,$$

得

$$\int_0^1 T_x^2 dx \leqslant \frac{e^{2M}}{\tau} (M_L - m_L) M_L. \tag{2.4.16}$$

将（2.4.9）式乘以 $u - u_D$ 并分部积分，得

$$\frac{\varepsilon^2}{12} \int_0^1 u_{xx}^2 dx + \frac{\varepsilon^2}{24} \int_0^1 u_x^2 u_{xx} dx + \int_0^1 T u_x^2 dx$$

$$= \frac{\varepsilon^2}{12} \int_0^1 u_{xx} u_{Dxx} dx + \frac{\varepsilon^2}{24} \int_0^1 u_x^2 u_{Dxx} dx - \int_0^1 T_x (u-u_D)_x dx + \int_0^1 T u_x u_{Dx} dx -$$

$$\frac{1}{\lambda^2} \int_0^1 (e^u - C(x))(u-u_D) dx - J_0 \int_0^1 e^{-u_M} (u_x - u_{Dx}) dx. \tag{2.4.17}$$

由（2.4.6）式中的条件 $u_x(0) = u_x(1) = 0$ 知（2.4.17）式左端的第二项

$$\frac{\varepsilon^2}{24} \int_0^1 u_x^2 u_{xx} dx = \frac{\varepsilon^2}{72} \int_0^1 (u_x^3)_x dx = 0. \tag{2.4.18}$$

（2.4.17）式左端的第三项可估计为

$$\int_0^1 T u_x^2 dx \geqslant m_L \int_0^1 u_x^2 dx. \tag{2.4.19}$$

下面我们逐项估计（2.4.17）式的右端. 由 Young 不等式和（2.4.13）式，

得

$$\frac{\varepsilon^2}{12}\int_0^1 u_{xx}u_{Dxx}\mathrm{d}x \leqslant \frac{\varepsilon^2}{24}\int_0^1 u_{xx}^2\mathrm{d}x + \frac{\varepsilon^2}{24}\int_0^1 u_{Dxx}^2\mathrm{d}x \leqslant \frac{\varepsilon^2}{24}\int_0^1 u_{xx}^2\mathrm{d}x + \frac{\varepsilon^2\alpha^2}{9\mu(1-\mu)}.$$

（2.4.20）

利用（2.4.6）式中的边界条件 $u_x(0)=u_x(1)=0$ 及 Holder 不等式，得

当 $x\in\left[0,\dfrac{1}{2}\right]$ 时，有

$$|u_x(x)| = \left|\int_0^x u_{xx}(s)\mathrm{d}s\right| \leqslant \left(\int_0^x 1^2\mathrm{d}s\right)^{1/2}\left(\int_0^x u_{xx}^2(s)\mathrm{d}s\right)^{1/2} \leqslant \sqrt{x}\left(\int_0^1 u_{xx}^2(x)\mathrm{d}x\right)^{1/2};$$

当 $x\in\left[\dfrac{1}{2},1\right]$ 时，有

$$|u_x(x)| = \left|\int_x^1 u_{xx}(s)\mathrm{d}s\right| \leqslant \left(\int_x^1 1^2\mathrm{d}s\right)^{1/2}\left(\int_x^1 u_{xx}^2(s)\mathrm{d}s\right)^{1/2} \leqslant \sqrt{1-x}\left(\int_0^1 u_{xx}^2(x)\mathrm{d}x\right)^{1/2}.$$

由上述两不等式及（2.4.12）式，得

$$\frac{\varepsilon^2}{24}\int_0^1 u_x^2 u_{Dxx}\mathrm{d}x = \frac{\varepsilon^2}{24}\int_0^{1/2} u_x^2 u_{Dxx}\mathrm{d}x + \frac{\varepsilon^2}{24}\int_{1/2}^1 u_x^2 u_{Dxx}\mathrm{d}x$$

$$\leqslant \frac{\varepsilon^2}{24}\int_0^1 u_{xx}^2(x)\mathrm{d}x\left(\int_0^{1/2} x\left|u_{Dxx}(x)\right|\mathrm{d}x + \int_{1/2}^1 (1-x)\left|u_{Dxx}(x)\right|\mathrm{d}x\right)$$

$$\leqslant \frac{\varepsilon^2}{12}\mu\alpha\int_0^1 u_{xx}^2(x)\mathrm{d}x.$$

（2.4.21）

由 Young 不等式,（2.4.16）式和（2.4.14）式，得

$$-\int_0^1 T_x(u-u_D)_x\mathrm{d}x \leqslant \frac{m_L}{2}\int_0^1 u_x^2\mathrm{d}x + \left(\frac{1}{2m_L}+\frac{1}{2}\right)\int_0^1 T_x^2\mathrm{d}x + \frac{1}{2}\int_0^1 u_{Dx}^2\mathrm{d}x$$

$$\leqslant \frac{m_L}{2}\int_0^1 u_x^2\mathrm{d}x + \frac{\mathrm{e}^{2M}M_L(M_L-m_L)(1+m_L)}{2\sigma m_L} + \frac{23}{30}\alpha^2,$$

（2.4.22）

$$\int_0^1 Tu_x u_{Dx}\mathrm{d}x \leqslant M_L\int_0^1 |u_x|\cdot|u_{Dx}|\mathrm{d}x \leqslant \frac{m_L}{4}\int_0^1 u_x^2\mathrm{d}x + \frac{M_L^2}{m_L}\int_0^1 u_{Dx}^2\mathrm{d}x$$

$$\leqslant \frac{m_L}{4} \int_0^1 u_x^2 \mathrm{d}x + \frac{23\alpha^2 M_L^2}{15 m_L}. \tag{2.4.23}$$

由 Poincare 不等式 $\|u - u_D\|_{L^2(0,1)} \leqslant \frac{1}{2} \|(u - u_D)_x\|_{L^2(0,1)}$，Young 不等式及（2.4.14）

式，得

$$-\frac{1}{\lambda^2} \int_0^1 (\mathrm{e}^u - C(x))(u - u_D)\mathrm{d}x$$

$$= -\frac{1}{\lambda^2} \int_0^1 (\mathrm{e}^u - \mathrm{e}^{u_D})(u - u_D)\mathrm{d}x - \frac{1}{\lambda^2} \int_0^1 (\mathrm{e}^{u_D} - C(x))(u - u_D)\mathrm{d}x$$

$$\leqslant -\frac{1}{\lambda^2} \int_0^1 (\mathrm{e}^{u_D} - C(x))(u - u_D)\mathrm{d}x$$

$$\leqslant \frac{m_L}{4} \int_0^1 (u - u_D)^2 \mathrm{d}x + \frac{1}{m_L \lambda^4} \int_0^1 (\mathrm{e}^{u_D} - C(x))^2 \mathrm{d}x$$

$$\leqslant \frac{m_L}{16} \int_0^1 (u - u_D)_x^2 \mathrm{d}x + \frac{1}{m_L \lambda^4} \int_0^1 (\mathrm{e}^{u_D} - C(x))^2 \mathrm{d}x$$

$$\leqslant \frac{m_L}{8} \int_0^1 u_x^2 \mathrm{d}x + \frac{m_L}{8} \int_0^1 u_{Dx}^2 \mathrm{d}x + \frac{1}{m_L \lambda^4} \int_0^1 (\mathrm{e}^{u_D} - C(x))^2 \mathrm{d}x$$

$$\leqslant \frac{m_L}{8} \int_0^1 u_x^2 \mathrm{d}x + \frac{23\alpha^2 m_L}{120} + \frac{1}{m_L \lambda^4} \int_0^1 (\mathrm{e}^{u_D} - C(x))^2 \mathrm{d}x. \tag{2.4.24}$$

由 Young 不等式和（2.4.15）式，得

$$-J_0 \int_0^1 \mathrm{e}^{-u_M}(u_x - u_{Dx})\mathrm{d}x \leqslant |J_0| \mathrm{e}^M \int_0^1 (|u_x| + |u_{Dx}|)\mathrm{d}x$$

$$\leqslant \frac{m_L}{16} \int_0^1 u_x^2 \mathrm{d}x + \frac{4 J_0^2 \mathrm{e}^{2M}}{m_L} + |J_0| \alpha \mathrm{e}^M. \tag{2.4.25}$$

由（2.4.17）~（2.4.25）式我们可以得到（2.4.11）式成立.

注意到 $u(x) = u_0 + \int_0^x u_x(s)\mathrm{d}s$，我们可由（2.4.11）式得到

$$\|u\|_{L^\infty(0,1)} \leqslant |u_0| + \left| \int_0^x u_x(s)\mathrm{d}s \right| \leqslant |u_0| + \int_0^1 |u_x| \mathrm{d}x$$

$$\leqslant |u_0| + \|u_x\|_{L^2(0,1)} \leqslant |u_0| + 4\sqrt{\frac{c_0}{m_L}},$$

这里 c_0 的定义见（2.1.22）式. 设 M 是 $M = |u_0| + \sqrt{c_0 m_L^{-1}}$，则引理 2.4.1 得证.

有了引理 2.4.1，我们可以利用证明定理 2.2.1 的方法得到如下结果：

定理 2.4.1 在引理 2.4.1 的条件下，问题（2.4.3）～（2.4.8）存在解 $(u, T, V) \in H^4(0,1) \times H^2(0,1) \times H^2(0,1)$.

定理 2.1.5 的证明：由引理 2.4.1 和定理 2.4.1，我们很容易得到定理 2.1.5，略去其证明.

2.5 定理 2.1.6 的证明

我们先考虑（2.1.36），（2.1.37）和如下截断问题：

$$\int_0^1 (\mathrm{e}^{u_M} + \mathrm{e}^{v_M}) T_x \phi_x \mathrm{d}x = \int_0^1 (\mathrm{e}^{u_M} + \mathrm{e}^{v_M})(T_L(x) - T)\phi \, \mathrm{d}x. \tag{2.5.1}$$

其中 $u_M = \min\{M, \max\{-M, u\}\}$，常数 M 的定义见后面的（2.5.6）式，v_M 的定义与 u_M 类似.

引理 2.5.1 设定理 1.1.6 中的条件成立，且 $(u, v, T) \in H_0^2(0,1) \times H_0^2(0,1) \times H^1(0,1)$ 为问题（2.1.36），（2.1.37），（2.5.1）的一个解，则

$$\frac{\varepsilon^2}{12}\|u_{xx}\|_{L^2(0,1)}^2 + \frac{\varepsilon^2}{12}\|v_{xx}\|_{L^2(0,1)}^2 + \frac{2m_L - 1}{4}\|u_x\|_{L^2(0,1)}^2 + \frac{2m_L - 1}{4}\|v_x\|_{L^2(0,1)}^2$$

$$\leqslant \frac{M_L}{m_L}(M_L - m_L)\mathrm{e}^{2M} + \|C(x)\|_{L^2(0,1)}^2, \tag{2.5.2}$$

另外，成立

$$\frac{1}{2} < m_L \leqslant T \leqslant M_L, \tag{2.5.3}$$

$$\|T_x\|_{L^2(0,1)} \leqslant \mathrm{e}^M \sqrt{M_L(M_L - m_L)}, \tag{2.5.4}$$

$$\|u\|_{L^\infty(0,1)}, \|v\|_{L^\infty(0,1)} \leqslant M, \tag{2.5.5}$$

其中 M 为

$$M = 2\sqrt{\frac{M_L(M_L - m_L)\mathrm{e}^{2M} + m_L\|C(c)\|^2_{L^2(0,1)}}{m_L(2m_L - 1)}}, \qquad (2.5.6)$$

的解.

证明：用 $\phi = (T - M_L)^+ = \max\{0, T - M_L\} \in H^1(0,1)$ 作为（2.5.1）式的试验函数，得

$$2\mathrm{e}^{-M}\int_0^1((T-M_L)^+)_x^2\mathrm{d}x \leqslant \int_0^1(\mathrm{e}^{u_M} + \mathrm{e}^{v_M})((T-M_L)^+)_x^2\mathrm{d}x$$

$$= \int_0^1(\mathrm{e}^{u_M} + \mathrm{e}^{v_M})(T_L(x) - T)(T - M_L)^+\mathrm{d}x \leqslant 0,$$

所以 $(T - M_L)^+ = 0$，从而 $T \leqslant M_L$，$x \in (0,1)$. 同理，用 $\phi = (T - m_L)^- = \min\{0, T - m_L\}$ 作为（2.5.1）式的试验函数可得 $T \geqslant m_L > \dfrac{1}{2}$，$x \in (0,1)$，（2.5.3）式得证.

用 $\phi = T \in H^1(0,1)$ 作为（2.5.1）式的试验函数，得

$$2\mathrm{e}^{-M}\int_0^1 T_x^2\mathrm{d}x \leqslant \int_0^1(\mathrm{e}^{u_M} + \mathrm{e}^{v_M})T_x^2\mathrm{d}x = \int_0^1(\mathrm{e}^{u_M} + \mathrm{e}^{v_M})(T_L(x) - T)T\mathrm{d}x$$

$$\leqslant 2\mathrm{e}^M(M_L - m_L)M_L,$$

所以（2.5.4）式成立.

用 $\psi = u \in H_0^2(0,1)$ 作为（2.1.36）式的试验函数，得

$$\frac{\varepsilon^2}{12}\int_0^1\left(u_{xx}^2 + \frac{1}{2}u_x^2 u_{xx}\right)\mathrm{d}x + \int_0^1 Tu_x^2\mathrm{d}x$$

$$= -\int_0^1 T_x u_x\,\mathrm{d}x - \int_0^1(\mathrm{e}^u - \mathrm{e}^v - C(x))u\mathrm{d}x - J_1\int_0^1\mathrm{e}^{-u}u_x\mathrm{d}x. \qquad (2.5.7)$$

由 Young 不等式及（2.5.4）式，我们可以估计（2.5.7）式的右端第一项：

$$-\int_0^1 T_x u_x\mathrm{d}x \leqslant \frac{m_L}{2}\int_0^1 u_x^2\mathrm{d}x + \frac{1}{2m_L}\int_0^1 T_x^2\mathrm{d}x \leqslant \frac{m_L}{2}\int_0^1 u_x^2\mathrm{d}x + \frac{M_L}{2m_L}(M_L - m_L)\mathrm{e}^{2M},$$

又因为

$$\int_0^1 u_x^2 u_{xx}\,dx = \frac{1}{3}\left[u_x^2(1)-u_x^2(0)\right]=0 \ ,$$

$$\int_0^1 T u_x^2\,dx \geqslant m_L \int_0^1 u_x^2\,dx \ ,$$

$$-J_1\int_0^1 e^{-u}u_x\,dx = J_1\left(e^{-u(1)}-e^{-u(0)}\right)=0 \ ,$$

所以由（2.5.7）式可得

$$\frac{\varepsilon^2}{12}\int_0^1 u_{xx}^2\,dx + \frac{m_L}{2}\int_0^1 u_x^2\,dx$$

$$\leqslant -\int_0^1 (e^u - e^v - C(x))u\,dx + \frac{M_L}{2m_L}(M_L-m_L)e^{2M}. \qquad (2.5.8)$$

同理，用 $\psi = v \in H_0^2(0,1)$ 作为（2.1.37）式的试验函数可得

$$\frac{\varepsilon^2}{12}\int_0^1 v_{xx}^2\,dx + \frac{m_L}{2}\int_0^1 v_x^2\,dx$$

$$\leqslant \int_0^1 (e^u - e^v - C(x))v\,dx + \frac{M_L}{2m_L}(M_L-m_L)e^{2M}. \qquad (2.5.9)$$

由（2.5.8）式与（2.5.9）式两边分别相加，得

$$\frac{\varepsilon^2}{12}\int_0^1 u_{xx}^2\,dx + \frac{\varepsilon^2}{12}\int_0^1 v_{xx}^2\,dx + \frac{m_L}{2}\int_0^1 u_x^2\,dx + \frac{m_L}{2}\int_0^1 v_x^2\,dx$$

$$\leqslant \int_0^1 C(x)(u-v)\,dx - \int_0^1 (e^u - e^v)(u-v)\,dx + \frac{M_L}{m_L}(M_L-m_L)e^{2M}. \qquad (2.5.10)$$

由 Young 不等式及 Poincare 不等式知

$$\int_0^1 C(x)(u-v)\,dx \leqslant \frac{1}{2}\int_0^1 u^2\,dx + \frac{1}{2}\int_0^1 v^2\,dx + \int_0^1 C(x)^2\,dx$$

$$\leqslant \frac{1}{4}\int_0^1 u_x^2\,dx + \frac{1}{4}\int_0^1 v_x^2\,dx + \int_0^1 C(x)^2\,dx \ ,$$

又因为

$$-\int_0^1 (e^u - e^v)(u-v)\,dx \leqslant 0 \ ,$$

所以由（2.5.10）式可推得（2.5.2）式成立.

由 Poincre-Sobolev 不等式，（2.5.2）式及 $m_L > \dfrac{1}{2}$ 知

$$\|u\|_{L^{\infty}(0,1)} \leqslant \|u_x\|_{L^2(0,1)} \leqslant 2\sqrt{\frac{M_L(M_L - m_L)\mathrm{e}^{2M} + m_L\|C(x)\|_{L^2(0,1)}^2}{m_L(2m_L - 1)}},$$

令 M 为（2.5.6）式的解，则 $\|u\|_{L^{\infty}(0,1)} \leqslant M$。同理可知 $\|v\|_{L^{\infty}(0,1)} \leqslant M$，（2.5.5）式得证。引理 2.5.1 证毕。

定理 2.1.6 的证明：给定 $(\rho, \eta) \in W_0^{1,4}(0,1) \times W_0^{1,4}(0,1)$，对于任意试验函数 $\phi \in H^1(0,1)$，设 $T \in H^1(0,1)$ 为

$$\int_0^1 (\mathrm{e}^{\rho_M} + \mathrm{e}^{\eta_M})T_x\phi_x\mathrm{d}x = \int_0^1 (\mathrm{e}^{\rho_M} + \mathrm{e}^{\eta_M})(T_L(x) - T)\phi\,\mathrm{d}x$$

的唯一解。与引理 2.5.1 的证明类似，我们可以得到 $\dfrac{1}{2} < m_L \leqslant T \leqslant M_L$。

对于上述 $(\rho, \eta) \in W_0^{1,4}(0,1) \times W_0^{1,4}(0,1)$，$T \in H^1(0,1)$ 以及任意试验函数 $\psi \in H_0^2(0,1)$，我们考虑如下两个线性问题：

$$\frac{\varepsilon^2}{12}\int_0^1 u_{xx}\psi_{xx}\mathrm{d}x + \frac{\sigma\varepsilon^2}{24}\int_0^1 \rho_x^2\psi_{xx}\mathrm{d}x + \sigma\int_0^1 T_x\psi_x\mathrm{d}x +$$

$$\int_0^1 Tu_x\psi_x\mathrm{d}x + \sigma\int_0^1 (\mathrm{e}^{\rho} - \mathrm{e}^{\eta} - C(x))\psi\mathrm{d}x$$

$$= -\sigma J_1\int_0^1 \mathrm{e}^{-\rho}\psi_x\mathrm{d}x, \tag{2.5.11}$$

$$\frac{\varepsilon^2}{12}\int_0^1 v_{xx}\psi_{xx}\mathrm{d}x + \frac{\sigma\varepsilon^2}{24}\int_0^1 \eta_x^2\psi_{xx}\mathrm{d}x + \sigma\int_0^1 T_x\psi_x\mathrm{d}x +$$

$$\int_0^1 Tv_x\psi_x\mathrm{d}x - \sigma\int_0^1 (\mathrm{e}^{\rho} - \mathrm{e}^{\eta} - C(x))\psi\mathrm{d}x$$

$$= -\sigma J_2\int_0^1 \mathrm{e}^{-\eta}\psi_x\mathrm{d}x, \tag{2.5.12}$$

其中 $\sigma \in [0,1]$。我们定义双线性形式

$$a(u, \psi) = \frac{\varepsilon^2}{12}\int_0^1 u_{xx}\psi_{xx}\mathrm{d}x + \int_0^1 Tu_x\psi_x\mathrm{d}x \tag{2.5.13}$$

和线性泛函

$$F(\psi) = -\frac{\sigma \varepsilon^2}{24} \int_0^1 \rho_x^2 \psi_{xx} \mathrm{d}x - \sigma \int_0^1 T_x \psi_x \mathrm{d}x -$$

$$\sigma \int_0^1 (\mathrm{e}^\rho - \mathrm{e}^\eta - C(x)) \psi \mathrm{d}x - \sigma J_1 \int_0^1 \mathrm{e}^{-\rho} \psi_x \mathrm{d}x \qquad （2.5.14）$$

因为对于 $\frac{1}{2} < m_L \leqslant T \leqslant M_L$ ，双线性形式 $a(u,\psi)$ 在 $H_0^2(0,1) \times H_0^2(0,1)$ 上是连续且强制的，而线性泛函 $F(\psi)$ 在 $H_0^2(0,1)$ 上连续，所以由 Lax-Milgram 定理知问题（2.5.11）存在唯一解 $u \in H_0^2(0,1)$ ．同理，问题（2.5.12）也存在唯一解 $v \in H_0^2(0,1)$ ．于是算子

$$S : W_0^{1,4}(0,1) \times W_0^{1,4}(0,1) \times [0,1] \to W_0^{1,4}(0,1) \times W_0^{1,4}(0,1) ,$$

$$(\rho, \eta, \sigma) \mapsto (u,v)$$

是有定义的．因为 $H_0^2(0,1) \subset\subset W_0^{1,4}(0,1)$ 是紧嵌入，所以 S 是连续且紧的．另外，$S(\rho, \eta, 0) = (0,0)$ ．与引理 2.5.1 类似，我们可以证明对于所有满足 $S(u,v,\sigma) = (u,v)$ 的 $(u,v,\sigma) \in H_0^2(0,1) \times H_0^2(0,1) \times [0,1]$ ，有 $\|u\|_{H_0^2(0,1)}$ ，$\|v\|_{H_0^2(0,1)} \leqslant C$ ，且 $\|u\|_{L^\infty(0,1)}$ ，$\|v\|_{L^\infty(0,1)} \leqslant M$ ，这里 C 为常数，M 为（2.5.6）式的解．所以由 Leray-Schauder 不动点定理知 $S(u,v,1) = (u,v)$ 存在不动点 (u,v) ．这里的不动点 u ，v 以及前面的 T 即为问题（2.1.36），（2.1.37），（2.5.1）的一个解，又因为 $\|u\|_{L^\infty(0,1)}$ ，$\|v\|_{L^\infty(0,1)} \leqslant M$ ，所以 (u,v,T) 也为问题（2.1.36）～（2.1.38）的解，即为问题（2.1.31）～（2.1.35）的解．定理 2.1.6 证毕．

第三章 量子 Navier-Stokes 方程组

3.1 引　言

量子 Navier-Stokes 方程组形式为[25]

$$n_t + \mathrm{div}(nu) = 0 , \tag{3.1.1}$$

$$(nu)_t + \mathrm{div}(nu \otimes u) + \nabla p(n) - 2\varepsilon^2 n \nabla \left(\frac{\Delta \sqrt{n}}{\sqrt{n}} \right) - nf = 2\nu \mathrm{div}(nD(u)) , \tag{3.1.2}$$

其中粒子密度 n 和粒子速度 u 是未知函数,标度的普朗克常数 $\varepsilon > 0$ 和粘性常数 $\nu > 0$ 是物理参数, 函数 $p(n) = n^\gamma$, $\gamma \geqslant 1$ 表示压力, f 表示外力, $D(u) = \frac{1}{2}(\nabla u + \nabla u^T)$ 表示速度梯度的对称部分. 方程组(3.1.1)~(3.1.2)首先由 Brull 和 Mehats 用动量方法及量子热平衡处的 Chapman-Enskog 扩散从 Wigner 方程中推出[26]. 最近, 完整的量子 Navier-Stokes 方程组(包含能量方程)已由 Jungel 等人用不同的方法推出[27, 28]. 文献[25]在周期边界条件下证明了当 $\varepsilon > \nu > 0$ 时(3.1.1)~(3.1.2)弱解的整体存在性. 对于一维情形, 文献[29]得到了模型(3.1.1)~(3.1.2)瞬态方程组当 $\varepsilon = \nu > 0$ 时古典解的存在性.

本章要介绍的第一部分内容是当 $\varepsilon = \nu > 0$ 时, 方程组(3.1.1)~(3.1.2)在如下周期边界条件下弱解的整体存在性:

$$n(\cdot,0) = n_0 , (nu)(\cdot,0) = n_0 u_0 , x \in T^d , \tag{3.1.3}$$

T^d 表示 d 维周期区域, 此结果推广了文献[25]的结论. 我们的结果叙述如下:

定理 3.1.1[30]　设 $\varepsilon = \nu > 0$, 且文献[25]中推论 1.2 的假设条件成立, 则文献[25]中推论 1.2 的结论也成立.

注 3.1.1　文献[31]把文献[25]和定理 3.1.1 的结论推广到了 $\varepsilon < \nu$ 的情形.

本章要介绍的第二部分内容是一维稳态量子 Navier-Stokes 方程组古典解的存在性和唯一性. 我们考虑如下边值问题:

$$(nu)_x = 0 \ , \ x \in (0,1) \ , \tag{3.1.4}$$

$$(nu^2)_x + (p(n))_x - 2\varepsilon^2 n\left(\frac{(\sqrt{n})_{xx}}{\sqrt{n}}\right)_x - nf = 2\nu(nu_x)_x \ , \tag{3.1.5}$$

$$n(0) = n(1) = 1 \ , \ n_x(0) = n_x(1) = 0 \ , \ u(0) = u_0 \ , \tag{3.1.6}$$

$$-2\varepsilon^2\left(\frac{(\sqrt{n})_{xx}}{\sqrt{n}}\right)_x(0) = -2\nu u_0\left(\frac{1}{n}(\log n)_{xx}\right)(0) + f(0) \ . \tag{3.1.7}$$

设 $w = u + \nu(\log n)_x$ ，则由文献[25]知问题（3.1.4）～（3.1.7）与如下稳态粘性量子欧拉方程组等价：

$$(nw)_x = \nu n_{xx} \ , \ x \in (0,1) \ , \tag{3.1.8}$$

$$(nw^2)_x + (p(n))_x - 2\varepsilon_0^2 n\left(\frac{(\sqrt{n})_{xx}}{\sqrt{n}}\right)_x - nf = 2\nu(nw)_{xx} \ , \tag{3.1.9}$$

$$n(0) = n(1) = 1 \ , \ n_x(0) = n_x(1) = 0 \ , \ w(0) = u_0 \ , \tag{3.1.10}$$

$$-2\varepsilon^2\left(\frac{(\sqrt{n})_{xx}}{\sqrt{n}}\right)_x(0) = -2\nu u_0\left(\frac{1}{n}(\log n)_{xx}\right)(0) + f(0) \ , \tag{3.1.11}$$

其中 $\varepsilon_0^2 = \varepsilon^2 - \nu^2$.

注 3.1.2 由 $n(0) = 1$ 和 $n_x(0) = 0$ 知，边界条件（3.1.11）式可以写成

$$-2\varepsilon^2\left(\frac{(\sqrt{n})_{xx}}{\sqrt{n}}\right)_x(0) = -4\nu u_0 \frac{(\sqrt{n})_{xx}}{\sqrt{n}}(0) + f(0) \ . \tag{3.1.12}$$

（3.1.12）式可解释为 Bohm 位势在 $x = 0$ 处的一个 *Robin* 边界条件.

对于问题（3.1.8）～（3.1.11），我们的结果是：

定理 3.1.2[32]（稳态粘性量子欧拉方程组解的存在性）设 $p(n) = n^\gamma$ ，$\gamma \geqslant 1$ ，$f \in C^1(0,1)$ ，

$$0 < u_0 < e^{-\frac{\gamma+1}{2}M}\sqrt{\frac{\varepsilon^2\gamma}{2\varepsilon^2 + 4\nu^2}} \ , \tag{3.1.13}$$

其中

$$M = \sqrt{\frac{\gamma^{-1} e^{(\gamma-1)M} \|f\|^2_{L^2(0,1)}}{\gamma e^{-(\gamma-1)M} - 2u_0^2 e^{2M} \left(1 + \dfrac{2v^2}{\varepsilon^2}\right)}} \ , \tag{3.1.14}$$

则问题（3.1.8）～（3.1.11）存在古典解 $(n,w) \in H^4(0,1) \times H^3(0,1)$ 使得 $n(x) \geqslant e^{-M} > 0$，$x \in (0,1)$.

定理 3.1.3[33]（稳态粘性量子欧拉方程组解的唯一性）设定理 3.1.2 的条件成立，且 ε，u_0，$\gamma-1$，$\|f\|_{L^2(0,1)}$ 充分小，则问题（3.1.8）～（3.1.11）的解是唯一的.

由定理 3.1.2 和定理 3.1.3 我们很容易得到如下推论：

推论 3.1.1（稳态量子 Navier-Stokes 方程组解的存在性）在定理 3.1.2 的条件下，问题（3.1.4）～（3.1.7）存在古典解 $(n,u) \in H^4(0,1) \times H^3(0,1)$ 使得 $n(x) \geqslant e^{-M} > 0$，$x \in (0,1)$. 再若 ε，u_0，$\gamma-1$，$\|f\|_{L^2(0,1)}$ 充分小，则问题（3.1.4）～（3.1.7）的解是唯一的.

本章要介绍的第三部分内容是将推论 3.1.1 的结果推广到粒子密度在两端点处不相等的情形. 我们考虑如下边值问题：

$$(nu)_x = 0 \ , \tag{3.1.15}$$

$$(nu^2)_x + (p(n))_x - 2\varepsilon^2 n \left(\frac{(\sqrt{n})_{xx}}{\sqrt{n}}\right)_x - nf = 2v(nu_x)_x \ , \tag{3.1.16}$$

$$n(0) = n_0 \ , \ n(1) = n_1 \ , \ n_x(0) = n_x(1) = 0 \ , \ u(0) = u_0 \ , \tag{3.1.17}$$

$$-2\varepsilon^2 \left(\frac{(\sqrt{n})_{xx}}{\sqrt{n}}\right)_x (0) = -2vu_0 \left(\frac{n_x}{n}\right)_x (0) + f(0) \ , \tag{3.1.18}$$

其中 $n_0, n_1 > 0$.

我们的主要结果陈述如下：

定理 3.1.4[34]　设 $f \in C^1(0,1)$，并假设 $|u_0|$ 充分小，使得

$$\frac{\gamma}{4} e^{-(\gamma-1)M} - 2n_0^2 u_0^2 e^{2M} - vn_0 |u_0| e^M > 0 \ , \tag{3.1.19}$$

其中 M 是

$$M = |\log n_0| + \sqrt{\dfrac{c_0}{\sqrt{\dfrac{\gamma}{4}\mathrm{e}^{-(\gamma-1)M} - 2n_0^2 u_0^2 \mathrm{e}^{2M} - \nu n_0 |u_0| \mathrm{e}^M}}} \qquad (3.1.20)$$

的解，

$$c_0 = \frac{4\varepsilon^2 \alpha^2}{3\mu(1-\mu)} + \frac{23\gamma\alpha^2}{30}\mathrm{e}^{3(\gamma-1)M} + \frac{23}{60}n_0^2 u_0^2 \alpha^2 \mathrm{e}^{2M} + \frac{23}{15}\nu n_0 |u_0| \alpha^2 \mathrm{e}^M +$$

$$\left(\gamma^{-1}\mathrm{e}^{(\gamma-1)M} + \frac{1}{2}\right)\|f\|_{L^2(0,1)}^2 + \frac{23}{30}\alpha^2, \qquad (3.1.21)$$

$\alpha = |\log n_1 - \log n_0|$，$\mu \in \left(0, \dfrac{1}{2}\right]$，满足

$$\frac{\varepsilon^2}{2} - \mu\alpha\varepsilon^2 - 2\nu n_0 |u_0| \mathrm{e}^M > 0. \qquad (3.1.22)$$

那么问题（3.1.15）~（3.1.18）存在古典解 $(n,u) \in H^4(0,1) \times H^3(0,1)$ 使得 $n(x) \geqslant \mathrm{e}^{-M} > 0$，$x \in (0,1)$. 另外，如果 $\gamma - 1$，$|u_0|$，α，$\|f\|_{L^2(0,1)}$ 充分小，则问题（3.1.15）~（3.1.18）的解是唯一的.

注 3.1.3 有必要解释在（3.1.19），（3.1.21），（3.1.22）条件下关于 M 的方程（3.1.20）是唯一可解的. 事实上，容易看出对于 (u_0, α, γ, M) 的方程（3.1.20）有解 $\left(0, 0, 1, (|\log n_0| + \sqrt{6})\|f\|_{L^2(0,1)}\right)$. 由隐函数定理知，存在 $u'_0, \alpha_0, \gamma_0 > 0$，使得对于 $|u_0| < u'_0$，$\alpha < \alpha_0$，$\gamma - 1 < \gamma_0$，方程（3.1.20）有解 $M(u_0, \alpha, \gamma)$.

本章的第四部分内容是关于量子 Navier-Stokes 方程组解的衰减，设外力 $f = 0$，本节我们将在一维有界区域（0，1）上研究方程组（3.1.1）~（3.1.2）的解趋于热平衡状态的渐近行为. 一个特殊的热平衡状态可以由 $n = n_B$，$u = 0$ 给出，其中 n_B 是粒子密度常数，因此 $n_x = 0$，$x \in (0,1)$. 所以我们考虑如下初边值问题：

$$n_t + (nu)_x = 0, \quad x \in \Omega = (0,1), \ t > 0, \qquad (3.1.23)$$

$$(nu)_t + (nu^2)_x + (p(n))_x - 2\varepsilon^2 n \left(\frac{(\sqrt{n})_{xx}}{\sqrt{n}}\right)_x = 2\nu(nu_x)_x, \qquad (3.1.24)$$

$$n(\cdot, 0) = n_0, \ u(\cdot, 0) = u_0, \quad x \in \Omega = (0,1), \qquad (3.1.25)$$

$$n = n_B \,, \ n_x = 0 \,, \ u = 0 \,, \ (x,t) \in \partial \Omega \times (0,\infty) \,, \qquad (3.1.26)$$

这里我们假定了边界处于热平衡状态.

记 $\varepsilon_0^2 := \varepsilon^2 - \nu^2$ ，$w_0 := u_0 + \nu(\log n_0)_x$ ，我们的结果叙述如下：

定理 3.1.5[35]　设 $\varepsilon > \nu$ ，对于任何 $T > 0$ ，设

$$n \in H^1(0,T;L^2(\Omega)) \bigcap L^2(0,T;H^3(\Omega)) \,, \quad u \in H^1(0,T;L^2(\Omega)) \bigcap L^2(0,T;H^2(\Omega))$$

是问题（3.1.23）~（3.1.26）的解，且 $n > 0$ ，$(x,t) \in \Omega \times (0,T)$ ，再设 $n_0 \in H^1(\Omega)$ ，$u_0 \in L^2(\Omega)$ ，且 $n_0 > 0$ ，$x \in \Omega$. 则

$$\left\| \sqrt{n} - \sqrt{n_B} \right\|_{L^\infty(\Omega)}^2 \leqslant \frac{E_{\varepsilon_0}(0)}{2\varepsilon_0^2} e^{-4\nu t} \,, \quad t > 0 \,.$$

特别地，若 $\gamma = 1$ ，即 $p(n) = n$ （等温情形），则

$$\left\| \sqrt{n} - \sqrt{n_B} \right\|_{L^\infty(\Omega)}^2 \leqslant \frac{E_{\varepsilon_0}(0)}{2\varepsilon_0^2} e^{-\left(4\nu + \frac{2\nu}{\varepsilon_0^2} \right)t} \,, \quad t > 0 \,,$$

这里

$$E_{\varepsilon_0}(0) = \int_0^1 \left(H(n_0) + \frac{n_0 w_0^2}{2} + 2\varepsilon_0^2 (\sqrt{n_0})_x^2 \right) \mathrm{d}x \,,$$

$$H(n) = \begin{cases} \dfrac{n^\gamma}{\gamma - 1}, & \gamma > 1 \\[2mm] n(\log n - 1), & \gamma = 1. \end{cases}$$

本章的第五部分内容是关于量子 Navier-Stokes 方程组解的爆破，设外力 $f = 0$ ，本节我们将在一维有界区域 $(0,1)$ 上研究方程组（3.1.1）~（3.1.2）的如下初边值问题：

$$n_t + (nu)_x = 0 \,, \quad x \in [0,1] \,, \ t > 0 \,, \qquad (3.1.27)$$

$$(nu)_t + (nu^2)_x + (p(n))_x = 2\varepsilon^2 n \left(\frac{(\sqrt{n})_{xx}}{\sqrt{n}} \right)_x + 2\nu(nu_x)_x \,, \qquad (3.1.28)$$

$$n(\cdot,0) = n_I > 0 \,, \ u(\cdot,0) = u_I \,, \qquad (3.1.29)$$

$$n_x(0,t) = n_x(1,t) = 0 , \qquad (3.1.30)$$

$$\left(u^2 + \frac{p(n)}{n} - 2\varepsilon^2 \frac{(\sqrt{n})_{xx}}{\sqrt{n}} - 2vu_x\right)(0,t) = c_1 \leqslant 0 , \qquad (3.1.31)$$

$$\left(u^2 + \frac{p(n)}{n} - 2\varepsilon^2 \frac{(\sqrt{n})_{xx}}{\sqrt{n}} - 2vu_x\right)(1,t) = c_2 \leqslant 0 , \qquad (3.1.32)$$

这里 c_1 和 c_2 为负常数.

我们的主要结果叙述如下:

定理 3.1.6[36]   设 $n \in H^1(0,T;L^2(\Omega)) \bigcap L^2(0,T;H^3(\Omega))$ ， $u \in H^1(0,T;L^2(\Omega))$ $\bigcap L^2(0,T;H^2(\Omega))$ 是问题（3.1.27）~（3.1.32）的一个小解，且 $n > 0$, $(x,t) \in [0,1] \times [0,T]$ ，再设 $0 < n_I \in H^1(0,1)$ ， $u_I \in L^2(0,1)$ ， $0 < v \leqslant \varepsilon$ ，且满足

$$\int_0^1 [(1-2x)n_I u_I + 4vn_I] \mathrm{d}x = M_0 < 0 .$$

那么存在仅依赖于初边界条件的正常数 $t_0 \leqslant T^* < +\infty$ ，使得当 $t > T^*$ 时，任何光滑解 n 不再存在. 特别地，几乎处处有 $\lim\limits_{t \to T^*} n(x,t) = 0$.

注 3.1.4   我们指出，问题（3.1.27）~（3.1.32）光滑解的局部存在性证明到目前为止仍为一个公开问题. 但根据文献[25]，方程组（3.1.27）~（3.1.32）与如下粘性量子欧拉方程组等价：

$$n_t + (nw)_x = vn_{xx} , \qquad (3.1.33)$$

$$(nw)_t + (nw^2)_x + (p(n))_x - 2\varepsilon_0^2 n \left(\frac{(\sqrt{n})_{xx}}{\sqrt{n}}\right)_x = v(nw)_{xx} , \qquad (3.1.34)$$

这里 $w = u + v(\log n)_x$ ， $\varepsilon_0^2 = \varepsilon^2 - v^2$.所以我们相信，我们可以利用类似于文献[37，38]中的技巧来证明问题（3.1.27）~（3.1.32）解的局部存在性. 本节我们仅仅关注于问题（3.1.27）~（3.1.32）解的爆破.

注 3.1.5   定理 3.1.6 的有限时刻爆破可理解为当 $t \to T^*$ 时光滑解 n 失去其正则性.

注 3.1.6   当 $v = 0$ 时，问题（3.1.27）~（3.1.32）解的爆破已在文献[39]中得到了证明. 本文我们将[39]中的结果推广到 $0 < v \leqslant \varepsilon$ 的情形.从物理上讲，定理 3.1.6 中的不等式 $0 < v \leqslant \varepsilon$ 表示频率为 ω 的量子粒子的波能（这里 ω 表

示 BGK 模型中的振荡频率）不小于 $\frac{1}{\omega}$ 时间段内穿过区域的粒子的动能. 这样，不等式 $\nu \leq \varepsilon$ 对应于振荡频率的一个上界. 从物理上讲这是有意义的，因为太多的振荡破坏了粒子的量子行为，见文献[25].

3.2 定理 3.1.1 的证明

文献[25]首先作了一个效应速度变换 $w = u + \nu \nabla \log n$ ，使得方程组（3.1.1）~（3.1.3）与如下粘性量子欧拉方程组等价：

$$n_t + \mathrm{div}(nw) = \nu \Delta n , \tag{3.2.1}$$

$$(nw)_t + \mathrm{div}(nw \otimes w) + \nabla p(n) - 2\varepsilon_0^2 n \nabla \left(\frac{\Delta \sqrt{n}}{\sqrt{n}} \right) - nf = \nu \Delta(nw) , \tag{3.2.2}$$

$$n(\cdot,0) = n_0 , (nw)(\cdot,0) = n_0 w_0 , x \in T^d , \tag{3.2.3}$$

其中 $w_0 = u_0 + \nu \nabla \log n_0$ ，$\varepsilon_0^2 = \varepsilon^2 - \nu^2$. 然后文献[25]利用 Faedo-Galerkin 方法和弱紧性技巧证明了当 $\varepsilon_0^2 > 0$ 时问题（3.2.1）~（3.2.3）弱解的整体存在性，从而得到了当 $\varepsilon > \nu > 0$ 时（3.1.1）~（3.1.3）弱解的整体存在性. 为了证明定理 3.1.1，我们的想法是对于问题（3.2.1）~（3.2.3），取半古典极限 $\varepsilon_0 \to 0$ ，这需要得到 n 和 w 的一些关于 $\varepsilon_0 \to 0$ 的一致估计.

设 $(n_{\varepsilon_0}, w_{\varepsilon_0})$ 是文献[25]得到的当 $\varepsilon_0^2 > 0$ 时问题（3.2.1）~（3.2.3）的整体弱解，则由文献[25]中的引理 3.1 和（4.2），（4.3）式知如下引理成立：

引理 3.2.1

$$\left\| n_{\varepsilon_0} \right\|_{L^\infty(0,T;L^\gamma(T^d))} \leq C , \tag{3.2.4}$$

$$\left\| \sqrt{n_{\varepsilon_0}} w_{\varepsilon_0} \right\|_{L^\infty(0,T;L^2(T^d))} + \left\| \sqrt{n_{\varepsilon_0}} \nabla w_{\varepsilon_0} \right\|_{L^2(0,T;L^2(T^d))} \leq C . \tag{3.2.5}$$

从文献[25]中的引理 3.1 和引理 4.1 可以看出 $\left\| \sqrt{n_{\varepsilon_0}} \right\|_{L^\infty(0,T;H^1(T^d))}$ ，$\left\| \sqrt{n_{\varepsilon_0}} \right\|_{L^2(0,T;H^2(T^d))}$ 和 $\left\| \sqrt[4]{n_{\varepsilon_0}} \right\|_{L^4(0,T;W^{1,4}(T^d))}$ 的估计依赖于 ε_0. 下面我们要得到它们与 $\varepsilon_0 \to 0$ 无关的一致估计.

引理 3.2.2

$$\left\|\sqrt{n_{\varepsilon_0}}\right\|_{L^\infty(0,T;H^1(T^d))} \leq C , \tag{3.2.6}$$

$$\left\|\sqrt{n_{\varepsilon_0}}\right\|_{L^2(0,T;H^2(T^d))} + \left\|\sqrt[4]{n_{\varepsilon_0}}\right\|_{L^4(0,T;W^{1,4}(T^d))} \leq C , \tag{3.2.7}$$

这里 $C > 0$ 与 $\varepsilon_0 \to 0$ 无关.

证明: 用 $\dfrac{\Delta\sqrt{n_{\varepsilon_0}}}{\sqrt{n_{\varepsilon_0}}}$ 作为 (3.2.1) 式的试验函数, 得

$$\int_{T^d}(n_{\varepsilon_0})_t \frac{\Delta\sqrt{n_{\varepsilon_0}}}{\sqrt{n_{\varepsilon_0}}}\,\mathrm{d}x + \int_{T^d}\mathrm{div}(n_{\varepsilon_0}w_{\varepsilon_0})\frac{\Delta\sqrt{n_{\varepsilon_0}}}{\sqrt{n_{\varepsilon_0}}}\,\mathrm{d}x = \nu\int_{T^d}\Delta n_{\varepsilon_0}\frac{\Delta\sqrt{n_{\varepsilon_0}}}{\sqrt{n_{\varepsilon_0}}}\,\mathrm{d}x . \tag{3.2.8}$$

分部积分, 得

$$\int_{T^d}(n_{\varepsilon_0})_t \frac{\Delta\sqrt{n_{\varepsilon_0}}}{\sqrt{n_{\varepsilon_0}}}\,\mathrm{d}x = -\frac{\mathrm{d}}{\mathrm{d}t}\int_{T^d}\left|\nabla\sqrt{n_{\varepsilon_0}}\right|^2\,\mathrm{d}x , \tag{3.2.9}$$

$$\int_{T^d}\Delta n_{\varepsilon_0}\frac{\Delta\sqrt{n_{\varepsilon_0}}}{\sqrt{n_{\varepsilon_0}}}\,\mathrm{d}x = \frac{1}{2}\int_{T^d}n_{\varepsilon_0}\left|\nabla^2\log n_{\varepsilon_0}\right|^2\,\mathrm{d}x , \tag{3.2.10}$$

$$\int_{T^d}\mathrm{div}(n_{\varepsilon_0}w_{\varepsilon_0})\frac{\Delta\sqrt{n_{\varepsilon_0}}}{\sqrt{n_{\varepsilon_0}}}\,\mathrm{d}x = -\int_{T^d}n_{\varepsilon_0}w_{\varepsilon_0}\cdot\nabla\left(\frac{\Delta\sqrt{n_{\varepsilon_0}}}{\sqrt{n_{\varepsilon_0}}}\right)\mathrm{d}x$$

$$= -\frac{1}{2}\int_{T^d}w_{\varepsilon_0}\mathrm{div}(n_{\varepsilon_0}\nabla^2\log n_{\varepsilon_0})\mathrm{d}x$$

$$= \frac{1}{2}\int_{T^d}\nabla w_{\varepsilon_0}:(n_{\varepsilon_0}\nabla^2\log n_{\varepsilon_0})\mathrm{d}x$$

$$= \frac{1}{2}\int_{T^d}(\sqrt{n_{\varepsilon_0}}\nabla w_{\varepsilon_0}):(\sqrt{n_{\varepsilon_0}}\nabla^2\log n_{\varepsilon_0})\mathrm{d}x \tag{3.2.11}$$

这里 $A:B$ 表示对矩阵 A 与 B 的所有指标求和, 在 (3.2.10) 和 (3.2.11) 式中我们用到了等式

$$2n_{\varepsilon_0} \nabla \left(\frac{\Delta \sqrt{n_{\varepsilon_0}}}{\sqrt{n_{\varepsilon_0}}} \right) = \operatorname{div}(n_{\varepsilon_0} \nabla^2 \log n_{\varepsilon_0}).$$

由（3.2.8）~（3.2.11）式与 Cauchy 不等式，得

$$\frac{\mathrm{d}}{\mathrm{d}t} \int_{T^d} \left| \nabla \sqrt{n_{\varepsilon_0}} \right|^2 \mathrm{d}x + \frac{\nu}{2} \int_{T^d} n_{\varepsilon_0} \left| \nabla^2 \log n_{\varepsilon_0} \right|^2 \mathrm{d}x$$

$$= \frac{1}{2} \int_{T^d} (\sqrt{n_{\varepsilon_0}} \nabla w_{\varepsilon_0}) : (\sqrt{n_{\varepsilon_0}} \nabla^2 \log n_{\varepsilon_0}) \mathrm{d}x$$

$$\leqslant \frac{\nu}{4} \int_{T^d} n_{\varepsilon_0} \left| \nabla^2 \log n_{\varepsilon_0} \right|^2 \mathrm{d}x + \frac{1}{4\nu} \int_{T^d} \left| \sqrt{n_{\varepsilon_0}} \nabla w_{\varepsilon_0} \right|^2 \mathrm{d}x,$$

即

$$\frac{\mathrm{d}}{\mathrm{d}t} \int_{T^d} \left| \nabla \sqrt{n_{\varepsilon_0}} \right|^2 \mathrm{d}x + \frac{\nu}{4} \int_{T^d} n_{\varepsilon_0} \left| \nabla^2 \log n_{\varepsilon_0} \right|^2 \mathrm{d}x \leqslant \frac{1}{4\nu} \int_{T^d} \left| \sqrt{n_{\varepsilon_0}} \nabla w_{\varepsilon_0} \right|^2 \mathrm{d}x.$$

（3.2.12）

利用（3.2.5）式和（3.2.12）式我们可以推得（3.2.6）式及

$$\int_0^T \int_{T^d} n_{\varepsilon_0} \left| \nabla^2 \log n_{\varepsilon_0} \right|^2 \mathrm{d}x\mathrm{d}t \leqslant C$$

（3.2.13）

成立，这里 $C > 0$ 与 $\varepsilon_0 \to 0$ 无关. 由（3.2.13）式及文献[40]中的（2.5）式知（3.2.7）式成立.

定理 3.1.1 的证明：有了引理 3.2.1 和引理 3.2.2，我们可以对问题（3.2.1）~（3.2.3）利用文献[25]中弱紧性技巧取半古典极限 $\varepsilon_0 \to 0$，从而定理 3.1.1 得证，我们省略其细节.

3.3　定理 3.1.2 和定理 3.1.3 的证明

首先把方程组（3.1.8）和（3.1.9）转化成一个四阶椭圆方程。事实上，（3.1.8）式两边积分，并利用边界条件（3.1.10），得

$$nw = \nu n_x + n(0)w(0) = \nu n_x + u_0,$$

由此给出

$$\left(nw^2\right)_x - \nu(nw)_{xx} = \left[\frac{(\nu n_x + u_0)^2}{n}\right]_x - \nu(\nu n_x + u_0)_{xx}$$

$$= 4\nu^2[(\sqrt{n})_x^2]_x - 2\nu^2[\sqrt{n}(\sqrt{n})_x]_{xx} + \left(\frac{u_0^2}{n}\right)_x + 2\nu u_0\left(\frac{n_x}{n}\right)_x$$

$$= 2\nu^2\left[(\sqrt{n})_x(\sqrt{n})_{xx} - \sqrt{n}(\sqrt{n})_{xxx}\right] + \left(\frac{u_0^2}{n}\right)_x + 2\nu u_0(\log n)_{xx}$$

$$= -2\nu^2 n\left(\frac{(\sqrt{n})_{xx}}{\sqrt{n}}\right)_x + \left(\frac{u_0^2}{n}\right)_x + 2\nu u_0(\log n)_{xx}.$$

因此，我们可以把（3.1.9）式变成

$$\left(\frac{u_0^2}{n}\right)_x + (p(n))_x - 2\varepsilon^2 n\left(\frac{(\sqrt{n})_{xx}}{\sqrt{n}}\right)_x - nf = -2\nu u_0(\log n)_{xx} , \qquad （3.3.1）$$

这里我们用到了 $\varepsilon_0^2 = \varepsilon^2 - \nu^2$.

（3.3.1）式除以 n 并关于 x 求导，得

$$-2\varepsilon^2\left(\frac{(\sqrt{n})_{xx}}{\sqrt{n}}\right)_{xx} + \left(\frac{(p(n))_x}{n}\right)_x = u_0^2\left(\frac{n_x}{n^3}\right)_x - 2\nu u_0\left[\frac{1}{n}(\log n)_{xx}\right]_x + f_x .$$

$$（3.3.2）$$

引入新的变量 $m = \log n$ 并注意到

$$\left(\frac{(\sqrt{n})_{xx}}{\sqrt{n}}\right)_{xx} = \left[\frac{1}{n}\left(\sqrt{n}(\sqrt{n})_{xxx} - (\sqrt{n})_x(\sqrt{n})_{xx}\right)\right]_x = \left[\frac{1}{n}\left((\sqrt{n})_{xx}\sqrt{n} - (\sqrt{n})_x^2\right)_x\right]_x$$

$$= \left[\frac{1}{n}\left(n(\log\sqrt{n})_{xx}\right)\right]_x = \frac{1}{2}\left[\frac{1}{n}\left(n(\log n)_{xx}\right)_x\right]_x$$

$$= \frac{1}{2}\left[e^{-m}\left(e^m m_{xx}\right)_x\right]_x = \frac{1}{2}\left(m_{xx} + \frac{m_x^2}{2}\right)_{xx} , \qquad （3.3.3）$$

我们可以把（3.3.2）式写成

$$-\varepsilon^2\left(m_{xx}+\frac{m_x^2}{2}\right)_{xx}+[(p(\mathrm{e}^m))_x\,\mathrm{e}^{-m}]_x=u_0^2(\mathrm{e}^{-2m}m_x)_x-2\nu u_0(\mathrm{e}^{-m}m_{xx})_x+f_x\,.$$

$$（3.3.4）$$

与方程（3.3.4）相应的边界条件为

$$m(0)=m(1)=0\,,\quad m_x(0)=m_x(1)=0\,,\qquad（3.3.5）$$

$$-\varepsilon^2 m_{xxx}(0)=-2\nu u_0 m_{xx}(0)+f(0)\,.\qquad（3.3.6）$$

容易证明在 $(0,1)$ 上对于古典解 $n>0$ 来说问题（3.1.8）～（3.1.11）和（3.3.4）～（3.3.6）是等价的. 事实上，我们已经证明了在 $(0,1)$ 上（3.1.8）～（3.1.11）的一个古典解 $n>0$ 通过 $m=\log n$ 为（3.3.4）～（3.3.6）提供了一个古典解. 反之，设 m 是问题（3.3.4）～（3.3.6）的一个古典解. 令 $n=\mathrm{e}^m$，则在 $(0,1)$ 上 $n>0$，方程（3.3.2）及边界条件（3.1.10）～（3.1.11）成立. 那么（3.3.1）可从（3.3.2）中通过积分及乘以 n 推出. 最后，设 $\varepsilon_0^2=\varepsilon^2-\nu^2$，按本节开始时倒推回去，我们可得（3.1.8）～（3.1.9）式成立. 下面我们求解问题（3.3.4）～（3.3.6）.

通常，我们称 $m\in H_0^2(0,1)$ 是问题（3.3.4）～（3.3.6）的一个弱解，如果对于所有的 $\psi\in H_0^2(0,1)$，成立

$$-\varepsilon^2\int_0^1\left(m_{xx}+\frac{m_x^2}{2}\right)\psi_{xx}\mathrm{d}x-\gamma\int_0^1\mathrm{e}^{(\gamma-1)m}m_x\psi_x\mathrm{d}x$$

$$=-u_0^2\int_0^1\mathrm{e}^{-2m}m_x\psi_{xx}\mathrm{d}x+2\nu u_0\int_0^1\mathrm{e}^{-m}m_{xx}\psi_x\mathrm{d}x-\int_0^1 f\psi_x\mathrm{d}x\,,\qquad（3.3.7）$$

这里我们用到了 $p(n)=n^\gamma$，$\gamma\geqslant1$. 我们考虑如下截断问题：

$$\varepsilon^2\int_0^1\left(m_{xx}+\frac{m_x^2}{2}\right)\psi_{xx}\mathrm{d}x=-\gamma\int_0^1\mathrm{e}^{(\gamma-1)m_M}m_x\psi_x\mathrm{d}x+u_0^2\int_0^1\mathrm{e}^{-2m_M}m_x\psi_x\mathrm{d}x-$$

$$2\nu u_0\int_0^1\mathrm{e}^{-m_M}m_{xx}\psi_x\mathrm{d}x+\int_0^1 f\psi_x\mathrm{d}x\,,\qquad（3.3.8）$$

这里 $M>0$ 的定义见（3.1.14）式，$m_M=\min\{M,\max\{-M,m\}\}$. 我们需要如下引理：

引理 3.3.1 设 $m \in H_0^2(0,1)$ 是（3.3.8）的一个解，并设定理 3.1.2 中的条件成立，那么

$$\frac{\varepsilon^2}{2}\|m_{xx}\|^2_{L^2(0,1)} + \left[\frac{1}{2}\gamma e^{-(\gamma-1)M} - u_0^2 e^{2M}\left(1 + \frac{2v^2}{\varepsilon^2}\right)\right]\|m_x\|^2_{L^2(0,1)}$$

$$\leqslant \frac{1}{2}\gamma^{-1}e^{(\gamma-1)M}\|f\|^2_{L^2(0,1)}. \tag{3.3.9}$$

另外成立 $\|m\|_{L^\infty(0,1)} \leqslant M$.

证明： 用 $\psi = m$ 作为（3.3.8）式的试验函数，得

$$\varepsilon^2\int_0^1\left(m_{xx}^2 + \frac{1}{2}m_x^2 m_{xx}\right)dx = -\gamma\int_0^1 e^{(\gamma-1)m_M}m_x^2 dx + u_0^2\int_0^1 e^{-2m_M}m_x^2 dx -$$

$$2vu_0\int_0^1 e^{-m_M}m_{xx}m_x dx + \int_0^1 fm_x dx$$

$$= I_1 + I_2 + I_3 + I_4. \tag{3.3.10}$$

下面我们逐项估计（3.3.10）式的右端. 显然，

$$I_1 \leqslant -\gamma e^{-(\gamma-1)M}\int_0^1 m_x^2 dx, \qquad I_2 \leqslant u_0^2 e^{2M}\int_0^1 m_x^2 dx.$$

由 Young 不等式知，

$$I_3 \leqslant 2vu_0 e^M\int_0^1|m_{xx}|\cdot|m_x|dx \leqslant \frac{\varepsilon^2}{2}\int_0^1 m_{xx}^2 dx + \frac{2v^2 u_0^2 e^{2M}}{\varepsilon^2}\int_0^1 m_x^2 dx,$$

$$I_4 \leqslant \frac{1}{2}\gamma e^{-(\gamma-1)M}\int_0^1 m_x^2 dx + \frac{1}{2}\gamma^{-1}e^{(\gamma-1)M}\int_0^1 f^2 dx.$$

由于（3.3.5）式中的边界条件 $m_x(0) = m_x(1) = 0$，积分

$$\int_0^1 m_x^2 m_{xx}dx = \frac{1}{3}\int_0^1(m_x^3)_x dx = 0.$$

由以上估计及（3.3.10）式得（3.3.9）式成立. 由（3.1.13）式及 Poincare-Sobolev 估计，我们得

$$\|m\|_{L^{\infty}(0,1)} \leqslant \|m_x\|_{L^2(0,1)} \leqslant \sqrt{\dfrac{\gamma^{-1}\mathrm{e}^{(\gamma-1)M}\|f\|^2_{L^2(0,1)}}{\gamma\mathrm{e}^{-(\gamma-1)M}-2u_0^2\mathrm{e}^{2M}\left(1+\dfrac{2v^2}{\varepsilon^2}\right)}} \ ,$$

这里 $M > 0$ 的定义见（3.1.14）式. 引理 3.3.1 得证.

下面用 Leray-Schauder 不动点定理证明问题（3.3.7）解的存在性.

引理 3.3.2 在引理 3.3.1 的条件下问题（3.3.7）存在解 $m \in H_0^2(0,1)$.

证明：对于给定 $l \in W_0^{1,4}(0,1)$ 和试验函数 $\psi \in H_0^2(0,1)$，我们考虑如下线性问题：

$$-\varepsilon^2 \int_0^1 m_{xx}\psi_{xx}\mathrm{d}x - \frac{\sigma\varepsilon^2}{2}\int_0^1 l_x^2\psi_{xx}\mathrm{d}x - \sigma\gamma\int_0^1 \mathrm{e}^{(\gamma-1)l}l_x\psi_x\mathrm{d}x$$

$$= -\sigma u_0^2 \int_0^1 \mathrm{e}^{-2l}l_x\psi\mathrm{d}x - 2\sigma v u_0 \int_0^1 l_x\left(\mathrm{e}^{-l}\psi_x\right)_x\mathrm{d}x - \int_0^1 f\psi_x\mathrm{d}x \ , \qquad (3.3.11)$$

其中 $\sigma \in [0,1]$。定义双线性形式

$$a(m,\psi) = \varepsilon^2 \int_0^1 m_{xx}\psi_{xx}\mathrm{d}x$$

和线性泛函

$$F(\psi) = -\frac{\sigma\varepsilon^2}{2}\int_0^1 l_x^2\psi_{xx}\mathrm{d}x - \sigma\gamma\int_0^1 \mathrm{e}^{(\gamma-1)l}l_x\psi_x\mathrm{d}x + \sigma u_0^2\int_0^1 \mathrm{e}^{-2l}l_x\psi_x\mathrm{d}x +$$

$$2\sigma v u_0 \int_0^1 l_x\left(\mathrm{e}^{-l}\psi_x\right)_x\mathrm{d}x + \int_0^1 f\psi_x\mathrm{d}x \ .$$

因为双线性形式 $a(m,\psi)$ 在 $H_0^2(0,1) \times H_0^2(0,1)$ 上是连续且强制的以及线性泛函 $F(\psi)$ 在 $H_0^2(0,1)$ 上是连续的，由 Lax-Milgram 定理知（3.3.11）存在解 $m \in H_0^2(0,1)$. 因此算子

$$S: \ W_0^{1,4} \times [0,1] \to W_0^{1,4}(0,1) \ , \quad (l,\sigma) \mapsto m$$

是有定义的. 此外，此算子是连续且紧的(因为嵌入 $H_0^2(0,1) \subset W_0^{1,4}(0,1)$ 是紧的)，且有 $S(l,0) = 0$. 仿照引理 3.3.1 的证明步骤，我们可以证明对于所有满足 $S(m,\sigma) = m$ 的 $(m,\sigma) \in W_0^{1,4}(0,1) \times [0,1]$ 有 $\|m\|_{H_0^2(0,1)} \leqslant const$. 因此由 Leray-Schauder 不动点定理知 $S(m,1) = m$ 存在不动点 m. 此不动点是（3.3.8）的一个解，也是（3.3.7）的一个解，这是因为 $\|m\|_{L^{\infty}(0,1)} \leqslant M$. 引理 3.3.2 得证.

有了引理 3.3.2 我们可以得到（3.3.4）~（3.3.6）解的存在性.

定理 3.3.1 在引理 3.3.1 的条件下问题（3.3.4）~（3.3.6）存在解 $m \in H^4(0,1)$.

证明：设 m 是（3.3.7）或（3.3.4）~（3.3.6）的一个弱解. 因为 $m \in H^2(0,1)$，成立 $m_x^2 \in H_0^1(0,1)$ 和 $(e^{-m}m_{xx})_x \in H^{-1}(0,1)$. 那么，由（3.3.4）我们可以推出 $m_{xxxx} \in H^{-1}(0,1)$. 因此存在 $l \in L^2(0,1)$ 使得 $l_x = m_{xxx}$. 这意味着 $m_{xxx} = l + const \in L^2(0,1)$，并且由（3.3.4）知，$m_{xxxx} \in L^2(0,1)$. 这使我们推出 $m \in H^4(0,1)$. 定理 3.3.1 得证.

定理 3.1.2 的证明：因为 $m \in H^4(0,1)$，$\|m\|_{L^\infty(0,1)} \leqslant M$，$n = e^m$，所以 $n \in H^4(0,1)$，且 $n(x) \geqslant e^{-M} > 0$，$x \in (0,1)$. 由问题（3.1.8）~（3.1.11）和（3.3.4）~（3.3.6）的等价性以及定理 3.3.1 知（3.1.8）~（3.1.11）存在古典解 (m,w). 由（3.1.8）和 $n \in H^4(0,1)$ 可得正则性 $w \in H^3(0,1)$. 定理 3.1.2 得证.

定理 3.1.3 的证明：为了证明定理 3.1.3，只需证明问题（3.3.4）~（3.3.6）解的唯一性. 由边界条件 $m_x(0) = 0$ 及（3.3.9）式知

$$m_x^2(x) = 2\int_0^x m_x(s)m_{xx}(s)\,\mathrm{d}s \leqslant 2\|m_x\|_{L^2(0,1)} \cdot \|m_{xx}\|_{L^2(0,1)},$$

从而

$$\|m_x\|_{L^\infty(0,1)}^2 \leqslant \|m_x\|_{L^2(0,1)}^2 + \|m_{xx}\|_{L^2(0,1)}^2 \leqslant M^2 + \frac{e^{(\gamma-1)M}\|f\|_{L^2(0,1)}^2}{\varepsilon^2\gamma}. \quad （3.3.12）$$

设 $m_1, m_2 \in H^2(0,1)$ 是问题（3.3.4）~（3.3.6）的两个弱解，现在我们开始估计差 $m_1 - m_2$. 用 $m_1 - m_2$ 分别作为 m_1 及 m_2 所满足的（3.3.4）式的试验函数并两式相减，得

$$\varepsilon^2 \int_0^1 (m_{1xx} - m_{2xx})^2\,\mathrm{d}x + \frac{\varepsilon^2}{2}\int_0^1 (m_{1x}^2 - m_{2x}^2)(m_1 - m_2)_{xx}\,\mathrm{d}x$$

$$= -\gamma\int_0^1 (e^{(\gamma-1)m_1}m_{1x} - e^{(\gamma-1)m_2}m_{2x})(m_1 - m_2)_x\,\mathrm{d}x +$$

$$u_0^2\int_0^1 (e^{-2m_1}m_{1x} - e^{-2m_2}m_{2x})(m_1 - m_2)_x\,\mathrm{d}x -$$

$$2vu_0 \int_0^1 \left(e^{-m_1} m_{1xx} - e^{-m_2} m_{2xx} \right)(m_1 - m_2)_x \, dx$$

$$= I_1 + I_2 + I_3 , \qquad\qquad\qquad\qquad (3.3.13)$$

这里我们用到了 $p(n)=n^\gamma$, $\gamma \geq 1$. 我们逐项估计（3.3.13）式的右端. 由中值定理及 $\|m\|_{L^\infty(0,1)} \leq M$, 得

$$\left| e^{(\gamma-1)m_1} - e^{(\gamma-1)m_2} \right| \leq (\gamma-1) e^{(\gamma-1)M} |m_1 - m_2| .$$

因此再由 Poincare 不等式知

$$I_1 = -\gamma \int_0^1 e^{(\gamma-1)m_1}(m_1 - m_2)_x^2 \, dx - \gamma \int_0^1 \left[e^{(\gamma-1)m_1} - e^{(\gamma-1)m_2} \right] m_{2x}(m_1 - m_2)_x \, dx$$

$$\leq -\gamma e^{-(\gamma-1)M} \left\| (m_1 - m_2)_x \right\|_{L^2(0,1)}^2 + \gamma(\gamma-1) \, e^{(\gamma-1)M} K_1 \left\| (m_1 - m_2)_x \right\|_{L^2(0,1)}^2 ,$$

$$(3.3.14)$$

其中常数 $K_1 > 0$ 依赖于 $\|m_{2x}\|_{L^\infty(0,1)}$. 同理

$$I_2 = u_0^2 \int_0^1 \left[e^{-2m_1}(m_1 - m_2)_x^2 + \left(e^{-2m_1} - e^{-2m_2} \right) m_{2x}(m_1 - m_2)_x \right] dx$$

$$\leq u_0^2 K_2 e^{2M} \left\| (m_1 - m_2)_x \right\|_{L^2(0,1)}^2 , \qquad\qquad (3.3.15)$$

其中常数 $K_2 > 0$ 依赖于 $\|m_{2x}\|_{L^\infty(0,1)}$. 分部积分, 得

$$\int_0^1 m_{2xx}(e^{-m_1} - e^{-m_2})(m_1 - m_2)_x \, dx = \int_0^1 m_{2x}(e^{-m_1} m_{1x} - e^{-m_2} m_{2x})(m_1 - m_2)_x \, dx -$$

$$\int_0^1 m_{2x}(e^{-m_1} - e^{-m_2})(m_1 - m_2)_x \, dx .$$

所以再利用 Young 不等式, 得

$$I_3 = -2vu_0 \int_0^1 \left[e^{-m_1}(m_1 - m_2)_{xx}(m_1 - m_2)_x + m_{2xx}(e^{-m_1} - e^{-m_2})(m_1 - m_2)_x \right] dx$$

$$= -2vu_0 \int_0^1 e^{-m_1}(m_1 - m_2)_{xx}(m_1 - m_2)_x \, dx -$$

$$2vu_0 \int_0^1 m_{2x} \left(e^{-m_1} m_{1x} - e^{-m_2} m_{2x} \right)(m_1 - m_2)_x \, dx +$$

$$2vu_0 \int_0^1 m_{2x} \left(e^{-m_1} - e^{-m_2} \right) (m_1 - m_2)_{xx} \, dx$$

$$= -2vu_0 \int_0^1 e^{-m_1} (m_1 - m_2)_{xx} (m_1 - m_2)_x \, dx -$$

$$2vu_0 \int_0^1 e^{-m_1} m_{2x} (m_1 - m_2)_x^2 \, dx -$$

$$2vu_0 \int_0^1 m_{2x}^2 \left(e^{-m_1} - e^{-m_2} \right) (m_1 - m_2)_x \, dx +$$

$$2vu_0 \int_0^1 m_{2x} \left(e^{-m_1} - e^{-m_2} \right) (m_1 - m_2)_{xx} \, dx$$

$$\leqslant \frac{\varepsilon^2}{2} \left\| (m_1 - m_2)_{xx} \right\|_{L^2(0,1)}^2 + u_0^2 K_3 \, e^{2M} \left\| (m_1 - m_2)_x \right\|_{L^2(0,1)}^2 , \qquad (3.3.16)$$

其中常数 $K_3 > 0$ 依赖于 $\left\| m_{2x} \right\|_{L^\infty(0,1)}$.

（3.3.13）式左端第二项可以估计为

$$\frac{\varepsilon^2}{2} \int_0^1 (m_{1x}^2 - m_{2x}^2)(m_1 - m_2)_{xx} \, dx$$

$$\geqslant -\frac{\varepsilon^2}{2} \int_0^1 \left| m_{1x} + m_{2x} \right| \cdot \left| m_{1x} - m_{2x} \right| \cdot \left| m_{1xx} - m_{2xx} \right| \, dx$$

$$\geqslant -\varepsilon^2 \sqrt{M^2 + \frac{e^{(\gamma-1)M} \left\| f \right\|_{L^2(0,1)}^2}{\varepsilon^2 \gamma}} \int_0^1 \left| m_{1x} - m_{2x} \right| \cdot \left| m_{1xx} - m_{2xx} \right| \, dx$$

$$\geqslant -\frac{\varepsilon^2}{2} \left\| (m_1 - m_2)_{xx} \right\|_{L^2(0,1)}^2 - \frac{\varepsilon^2}{2} \left(M^2 + \frac{e^{(\gamma-1)M} \left\| f \right\|_{L^2(0,1)}^2}{\varepsilon^2 \gamma} \right) \left\| (m_1 - m_2)_x \right\|_{L^2(0,1)}^2 ,$$

$$(3.3.17)$$

这里我们用到了（3.3.12）式及 Young 不等式.

由（3.3.13）~（3.3.17）式可以推出

$$\left[\gamma \, e^{-(\gamma-1)M} - \frac{\varepsilon^2 M^2}{2} - \frac{e^{(\gamma-1)M} \left\| f \right\|_{L^2(0,1)}^2}{2\gamma} - \gamma(\gamma-1) K_1 \, e^{(\gamma-1)M} - u_0^2 (K_2 + K_3) e^{2M} \right]$$

$$\times \|(m_1 - m_2)_x\|^2_{L^2(0,1)} \leqslant 0 . \qquad (3.3.18)$$

可见如果 $\gamma - 1$，u_0，ε，$\|f\|_{L^2(0,1)}$ 充分小，（3.3.18）式意味着 $m_1 = m_2$．定理 3.1.3 得证．

3.4　定理 3.1.4 的证明

我们首先把方程组（3.1.15）~（3.1.16）转化为一个四阶椭圆方程．事实上，对（3.1.15）积分并利用（3.1.17）中的边界条件 $n(0) = n_0$ 和 $u(0) = u_0$，得 $u = \dfrac{n_0 u_0}{n}$，由此式及（3.1.16）式可得

$$\left(\frac{n_0^2 u_0^2}{n}\right)_x + (p(n))_x - 2\varepsilon^2 n\left(\frac{(\sqrt{n})_{xx}}{\sqrt{n}}\right)_x - nf = -2\nu n_0 u_0 \left(\frac{n_x}{n}\right)_x . \qquad (3.4.1)$$

（3.4.1）式除以 n 并关于 x 求导，得

$$-2\varepsilon^2 \left(\frac{(\sqrt{n})_{xx}}{\sqrt{n}}\right)_{xx} + \left(\frac{(p(n))_x}{n}\right)_x$$

$$= n_0^2 u_0^2 \left(\frac{n_x}{n^3}\right)_x - 2\nu n_0 u_0 \left[\frac{1}{n}\left(\frac{n_x}{n}\right)_x\right]_x + f_x . \qquad (3.4.2)$$

令 $m = \log n$，我们可以把（3.4.2），（3.1.17）及（3.1.18）式写成

$$-\varepsilon^2 \left(m_{xx} + \frac{m_x^2}{2}\right)_{xx} + [(p(e^m))_x e^{-m}]_x$$

$$= n_0^2 u_0^2 (e^{-2m} m_x)_x - 2\nu n_0 u_0 (e^{-m} m_{xx})_x + f_x , \qquad (3.4.3)$$

$$m(0) = m_0 , \ m(1) = m_1 , \ m_x(0) = m_x(1) = 0 , \qquad (3.4.4)$$

$$-\varepsilon^2 m_{xxx}(0) = -2\nu u_0 m_{xx}(0) + f(0) , \qquad (3.4.5)$$

其中 $m_0 = \log n_0$，$m_1 = \log n_1$．

容易证明在 $(0,1)$ 上对于古典解 $n > 0$ 来说问题（3.1.15）~（3.1.18）和

（3.4.3）~（3.4.5）是等价的. 事实上，我们已经证明了在(0,1)上（3.1.15）~（3.1.18）的一个古典解 $n>0$ 通过 $m=\log n$ 为（3.4.3）~（3.4.5）提供了一个古典解. 反之，设 m 是问题（3.4.3）~（3.4.5）的一个古典解. 令 $n=\mathrm{e}^{m}$，则在(0,1)上 $n>0$，方程（3.4.2）及边界条件（3.1.17）~（3.1.18）成立. 那么（3.4.1）可从（3.4.2）中通过积分及乘以 n 推出. 最后，设 $u=\dfrac{n_0 u_0}{n}$，我们可得（3.1.15）及（3.1.16）式成立. 下面我们求解问题（3.4.3）~（3.4.5）.

我们考虑（3.4.3）的截断问题：

$$\varepsilon^2\left(m_{xx}+\frac{m_x^2}{2}\right)_{xx}$$

$$=\gamma\left(\mathrm{e}^{(\gamma-1)m_M}\,m_x\right)_x-n_0^2 u_0^2\left(\mathrm{e}^{-2m_M}\,m_x\right)_x+2\nu n_0 u_0\left(\mathrm{e}^{-m_M}\,m_{xx}\right)_x-f_x \qquad（3.4.6）$$

这里我们用到了 $p(n)=n^{\gamma}$，$\gamma\geqslant 1$，其中 $M>0$ 定义见（3.1.20）式，$m_M=\min\{M,\max\{-M,m\}\}$. 下面的引理是本部分内容的关键性先验估计.

引理 3.4.1 设 $m\in H^2(0,1)$ 是（3.4.6）的一个解并设定理 3.1.4 中的条件成立，那么

$$\left(\frac{\varepsilon^2}{2}-\mu\alpha\varepsilon^2-2\nu n_0\,|\,u_0\,|\,\mathrm{e}^M\right)\big\|m_{xx}\big\|_{L^2(0,1)}^2+$$

$$\left(\frac{\gamma}{4}\mathrm{e}^{-(\gamma-1)M}-2n_0^2 u_0^2\,\mathrm{e}^{2M}-\nu n_0\,|\,u_0\,|\,\mathrm{e}^M\right)\cdot\big\|m_x\big\|_{L^2(0,1)}^2\leqslant c_0, \qquad（3.4.7）$$

其中 c_0 定义见(3.1.21)式. 特别地，成立 $\big\|m\big\|_{L^{\infty}(0,1)}\leqslant M$，其中 M 定义见（3.1.20）式.

证明： 定义函数 $m_D\in C^2[0,1]$，使其满足边界条件 $m_D(0)=m_0$，$m_D(1)=m_1$，$m_{Dx}(0)=m_{Dx}(1)=0$，有

$$m_{Dxx}(x)=\begin{cases}\dfrac{4\alpha}{\mu^2(1-\mu)}x, & x\in\left[0,\dfrac{\mu}{2}\right)\\[2mm]\dfrac{4\alpha}{\mu^2(1-\mu)}(\mu-x), & x\in\left[\dfrac{\mu}{2},\mu\right)\\[2mm]0, & x\in\left[\mu,\dfrac{1}{2}\right),\end{cases} \qquad（3.4.8）$$

其中 $\alpha = |m_1 - m_0|$，$\mu \in \left(0, \dfrac{1}{2}\right]$ 满足（3.1.22）式. 对于 $x \in \left(\dfrac{1}{2}, 1\right)$，定义 $m_{Dxx}(x) = -m_{Dxx}(1-x)$. 经过基本的运算可得

$$m_{Dxx}(x) = \begin{cases} 0, & x \in \left(\dfrac{1}{2}, 1-\mu\right] \\[2ex] \dfrac{4\alpha}{\mu^2(1-\mu)}(1-\mu-x), & x \in \left(1-\mu, 1-\dfrac{\mu}{2}\right] \\[2ex] \dfrac{4\alpha}{\mu^2(1-\mu)}(x-1), & x \in \left(1-\dfrac{\mu}{2}, 1\right], \end{cases}$$

$$m_{Dx} = \begin{cases} \dfrac{2\alpha x^2}{\mu^2(1-\mu)}, & x \in \left[0, \dfrac{\mu}{2}\right) \\[2ex] \dfrac{\alpha}{1-\mu} - \dfrac{2\alpha(\mu-x)^2}{\mu^2(1-\mu)}, & x \in \left[\dfrac{\mu}{2}, \mu\right) \\[2ex] \dfrac{\alpha}{1-\mu}, & x \in [\mu, 1-\mu] \\[2ex] \dfrac{\alpha}{1-\mu} - \dfrac{2\alpha}{\mu^2(1-\mu)}(1-\mu-x)^2, & x \in \left(1-\mu, 1-\dfrac{\mu}{2}\right] \\[2ex] \dfrac{2\alpha}{\mu^2(1-\mu)}(x-1)^2, & x \in \left(1-\dfrac{\mu}{2}, 1\right], \end{cases}$$

$$\int_0^{1/2} x \left| m_{Dxx}(x) \right| \mathrm{d}x + \int_{1/2}^1 (1-x)\left| m_{Dxx}(x) \right| \mathrm{d}x = \frac{\mu\alpha}{1-\mu} \leqslant 2\mu\alpha, \qquad (3.4.9)$$

$$\int_0^1 \left| m_{Dxx}(x) \right|^2 \mathrm{d}x = \frac{8\alpha^2}{3\mu(1-\mu)}, \qquad (3.4.10)$$

$$\int_0^1 \left| m_{Dx}(x) \right|^2 \mathrm{d}x = \frac{(30-37\mu)\alpha^2}{30(1-\mu)^2} \leqslant \frac{23}{15}\alpha^2. \qquad (3.4.11)$$

（3.4.6）式乘以 $m - m_D$ 并分部积分，得

$$\varepsilon^2 \int_0^1 \left(m_{xx} + \frac{1}{2}m_x^2 \right)(m - m_D)_{xx}\, \mathrm{d}x$$

$$= -\gamma \int_0^1 \mathrm{e}^{(\gamma-1)m_M} m_x (m_x - m_{Dx})\, \mathrm{d}x + n_0^2 u_0^2 \int_0^1 \mathrm{e}^{-2m_M} m_x (m_x - m_{Dx})\, \mathrm{d}x -$$

$$2\nu n_0 u_0 \int_0^1 e^{-m_M} m_{xx}(m_x - m_{Dx})\,\mathrm{d}x + \int_0^1 f \cdot (m_x - m_{Dx})\,\mathrm{d}x. \qquad (3.4.12)$$

我们首先估计（3.4.12）式的左端. 由 Young 不等式及（3.4.10）式，得

$$-\varepsilon^2 \int_0^1 m_{xx} m_{Dxx}\,\mathrm{d}x \geqslant -\frac{\varepsilon^2}{2}\int_0^1 m_{xx}^2\,\mathrm{d}x - \frac{\varepsilon^2}{2}\int_0^1 m_{Dxx}^2\,\mathrm{d}x$$

$$= -\frac{\varepsilon^2}{2}\int_0^1 m_{xx}^2\,\mathrm{d}x - \frac{4\varepsilon^2\alpha^2}{3\mu(1-\mu)}\ , \qquad (3.4.13)$$

由于（3.4.4）式中的边界条件 $m_x(0) = m_x(1) = 0$ ，积分

$$\frac{\varepsilon^2}{2}\int_0^1 m_x^2 m_{xx}\,\mathrm{d}x = \frac{\varepsilon^2}{6}\int_0^1 \left(m_x^3\right)_x \mathrm{d}x = 0. \qquad (3.4.14)$$

消失. 再利用（3.4.4）式中的边界条件 $m_x(0) = m_x(1) = 0$ 及 Holder 不等式，得当 $x \in \left[0, \dfrac{1}{2}\right]$ 时，有

$$|m_x(x)| = \left|\int_0^x m_{xx}(s)\,\mathrm{d}s\right| \leqslant \left(\int_0^x 1^2\,\mathrm{d}s\right)^{1/2} \left(\int_0^x m_{xx}^2(s)\,\mathrm{d}s\right)^{1/2} \leqslant \sqrt{x}\left(\int_0^1 m_{xx}^2(x)\,\mathrm{d}x\right)^{1/2}\ ;$$

当 $x \in \left[\dfrac{1}{2}, 1\right]$ 时，有

$$|m_x(x)| = \left|\int_x^1 m_{xx}(s)\,\mathrm{d}s\right| \leqslant \left(\int_x^1 1^2\,\mathrm{d}s\right)^{1/2} \left(\int_x^1 m_{xx}^2(s)\,\mathrm{d}s\right)^{1/2} \leqslant \sqrt{1-x}\left(\int_0^1 m_{xx}^2(x)\,\mathrm{d}x\right)^{1/2}.$$

由上述两不等式及（3.4.9）式，得

$$-\frac{\varepsilon^2}{2}\int_0^1 m_x^2 m_{Dxx}\,\mathrm{d}x = -\frac{\varepsilon^2}{2}\int_0^{1/2} m_x^2 m_{Dxx}\,\mathrm{d}x - \frac{\varepsilon^2}{2}\int_{1/2}^1 m_x^2 m_{Dxx}\,\mathrm{d}x$$

$$\geqslant -\frac{\varepsilon^2}{2}\int_0^1 m_{xx}^2(x)\,\mathrm{d}x\left(\int_0^{1/2} x\left|m_{Dxx}(x)\right|\,\mathrm{d}x + \int_{1/2}^1 (1-x)\left|m_{Dxx}(x)\right|\,\mathrm{d}x\right)$$

$$\geqslant -\varepsilon^2 \mu\alpha \int_0^1 m_{xx}^2(x)\,\mathrm{d}x. \qquad (3.4.15)$$

利用 Young 不等式及（3.4.11）式，我们可以逐项估计（3.4.12）式的右端

$$-\gamma \int_0^1 e^{(\gamma-1)m_M} m_x(m_x - m_{Dx})\mathrm{d}x$$

$$\leqslant -\gamma e^{-(\gamma-1)M} \int_0^1 m_x^2\mathrm{d}x + \gamma e^{(\gamma-1)M} \int_0^1 |m_x|\cdot|m_{Dx}|\mathrm{d}x$$

$$\leqslant -\frac{\gamma}{2} e^{-(\gamma-1)M} \int_0^1 m_x^2\mathrm{d}x + \frac{\gamma}{2} e^{3(\gamma-1)M} \int_0^1 m_{Dx}^2\mathrm{d}x$$

$$\leqslant -\frac{\gamma}{2} e^{-(\gamma-1)M} \int_0^1 m_x^2\mathrm{d}x + \frac{23\gamma\alpha^2}{30} e^{3(\gamma-1)M} , \qquad （3.4.16）$$

$$n_0^2 u_0^2 \int_0^1 e^{-2m_M} m_x(m_x - m_{Dx})\mathrm{d}x$$

$$\leqslant n_0^2 u_0^2 e^{2M} \int_0^1 m_x^2\mathrm{d}x + n_0^2 u_0^2 e^{2M} \int_0^1 |m_x|\cdot|m_{Dx}|\mathrm{d}x$$

$$\leqslant 2n_0^2 u_0^2 e^{2M} \int_0^1 m_x^2\mathrm{d}x + \frac{1}{4} n_0^2 u_0^2 e^{2M} \int_0^1 m_{Dx}^2\mathrm{d}x$$

$$\leqslant 2n_0^2 u_0^2 e^{2M} \int_0^1 m_x^2\mathrm{d}x + \frac{23}{60} n_0^2 u_0^2 \alpha^2 e^{2M} , \qquad （3.4.17）$$

$$-2\nu n_0 u_0 \int_0^1 e^{-m_M} m_{xx}(m_x - m_{Dx})\mathrm{d}x$$

$$\leqslant 2\nu n_0 |u_0| e^M \int_0^1 |m_{xx}|\cdot|m_x|\mathrm{d}x + 2\nu n_0 |u_0| e^M \int_0^1 |m_{xx}|\cdot|m_{Dx}|\mathrm{d}x$$

$$\leqslant 2\nu n_0 |u_0| e^M \int_0^1 m_{xx}^2\mathrm{d}x + \nu n_0 |u_0| e^M \int_0^1 m_x^2\mathrm{d}x + \nu n_0 |u_0| e^M \int_0^1 m_{Dx}^2\mathrm{d}x$$

$$\leqslant 2\nu n_0 |u_0| e^M \int_0^1 m_{xx}^2\mathrm{d}x + \nu n_0 |u_0| e^M \int_0^1 m_x^2\mathrm{d}x + \frac{23}{15} \nu n_0 |u_0| \alpha^2 e^M ,$$

$$（3.4.18）$$

$$\int_0^1 f \cdot (m_x - m_{Dx}) dx$$

$$\leq \frac{\gamma}{4} e^{-(\gamma-1)M} \int_0^1 m_x^2 dx + \gamma^{-1} e^{(\gamma-1)M} \int_0^1 f^2 dx + \frac{1}{2} \int_0^1 f^2 dx + \frac{1}{2} \int_0^1 m_{Dx}^2 dx$$

$$\leq \frac{\gamma}{4} e^{-(\gamma-1)M} \int_0^1 m_x^2 dx + \left(\gamma^{-1} e^{(\gamma-1)M} + \frac{1}{2} \right) \int_0^1 f^2 dx + \frac{23}{30} \alpha^2. \tag{3.4.19}$$

由（3.4.12）~（3.4.19）式可得（3.4.7）式成立。注意到 $m(x) = m_0 + \int_0^x m_x(s) ds$ ，从（3.4.7）及（3.1.19）式我们可得

$$\|m\|_{L^\infty(0,1)} \leq |m_0| + \left| \int_0^x m_x(s) ds \right| \leq |m_0| + \int_0^1 |m_x| dx$$

$$\leq |m_0| + \|m_x\|_{L^2(0,1)} \leq |m_0| + \sqrt{\frac{c_0}{\frac{\gamma}{4} e^{-(\gamma-1)M} - 2n_0^2 u_0^2 e^{2M} - \nu n_0 |u_0| e^M}} ,$$

其中 c_0 定义见（3.1.21）式. 再设 M 为

$$M = |\log n_0| + \sqrt{\frac{c_0}{\frac{\gamma}{4} e^{-(\gamma-1)M} - 2n_0^2 u_0^2 e^{2M} - \nu n_0 |u_0| e^M}}$$

的解，则引理 3.4.1 得证。

有了引理 3.4.1，我们可以利用引理 3.3.2 和定理 3.3.1 中的方法得到如下结果：

定理 3.4.1 在定理 3.1.4 的假设条件下，问题（3.4.3）~（3.4.5）存在解 $m \in H^4(0,1)$.

下面我们证明问题（3.4.3）~（3.4.5）解的唯一性。

定理 3.4.2 设条件（3.1.19）~（3.1.22）成立，并设 $\gamma - 1$, $|u_0|$, α , $\|f\|_{L^2(0,1)}$ 充分小，那么定理 3.4.1 中得到的解是唯一的.

证明：设 $m \in H^2(0,1)$ 是问题（3.4.3）~（3.4.5）的一个弱解，由（3.4.4）式中的边界条件 $m_x(0) = 0$ ，得 $m_x(x) = \int_0^x m_{xx}(s) ds$ ，再由（3.4.7）及（3.1.22）式知

$$\left\|m_x\right\|_{L^\infty(0,1)} \leq \int_0^1 |m_{xx}|\,\mathrm{d}x \leq \left\|m_{xx}\right\|_{L^2(0,1)} \leq \sqrt{\dfrac{c_0}{\dfrac{\varepsilon^2}{2} - \mu\alpha\varepsilon^2 - 2\nu n_0\,|\,u_0\,|\,\mathrm{e}^M}},$$

$$(3.4.20)$$

其中 c_0 见定义（3.1.21）式.

设 $m_1, m_2 \in H^2(0,1)$ 是问题（3.4.3）~（3.4.5）的两个弱解，现在我们开始估计差 $m_1 - m_2$。用 $m_1 - m_2$ 分别作为 m_1 及 m_2 所满足的（3.4.3）式的试验函数并两式相减，得

$$\varepsilon^2 \int_0^1 (m_{1xx} - m_{2xx})^2\,\mathrm{d}x + \frac{\varepsilon^2}{2} \int_0^1 (m_{1x}^2 - m_{2x}^2)(m_1 - m_2)_{xx}\,\mathrm{d}x$$

$$= -\gamma \int_0^1 \left(\mathrm{e}^{(\gamma-1)m_1} m_{1x} - \mathrm{e}^{(\gamma-1)m_2} m_{2x} \right)(m_1 - m_2)_x\,\mathrm{d}x$$

$$+ n_0^2 u_0^2 \int_0^1 \left(\mathrm{e}^{-2m_1} m_{1x} - \mathrm{e}^{-2m_2} m_{2x} \right)(m_1 - m_2)_x\,\mathrm{d}x -$$

$$2\nu n_0 u_0 \int_0^1 \left(\mathrm{e}^{-m_1} m_{1xx} - \mathrm{e}^{-m_2} m_{2xx} \right)(m_1 - m_2)_x\,\mathrm{d}x$$

$$= I_1 + I_2 + I_3 .$$

$$(3.4.21)$$

我们逐项估计（3.4.21）式的右端. 由中值定理及 $\left\|m\right\|_{L^\infty(0,1)} \leq M$，得

$$\left| \mathrm{e}^{(\gamma-1)m_1} - \mathrm{e}^{(\gamma-1)m_2} \right| \leq (\gamma-1)\mathrm{e}^{(\gamma-1)M} \left| m_1 - m_2 \right| .$$

因此再由 Poincare 不等式知

$$I_1 = -\gamma \int_0^1 \mathrm{e}^{(\gamma-1)m_1}(m_1 - m_2)_x^2\,\mathrm{d}x - \gamma \int_0^1 \left[\mathrm{e}^{(\gamma-1)m_1} - \mathrm{e}^{(\gamma-1)m_2} \right] m_{2x}(m_1 - m_2)_x\,\mathrm{d}x$$

$$\leq -\gamma \mathrm{e}^{-(\gamma-1)M} \left\|(m_1 - m_2)_x\right\|_{L^2(0,1)}^2 + \gamma(\gamma-1)\mathrm{e}^{(\gamma-1)M} K_1 \left\|(m_1 - m_2)_x\right\|_{L^2(0,1)}^2 ,$$

$$(3.4.22)$$

其中常数 $K_1 > 0$ 依赖于 $\left\|m_{2x}\right\|_{L^\infty(0,1)}$. 同理

$$I_2 = n_0^2 u_0^2 \int_0^1 \left[e^{-2m_1} (m_1 - m_2)_x^2 + \left(e^{-2m_1} - e^{-2m_2} \right) m_{2x} (m_1 - m_2)_x \right] dx$$

$$\leqslant n_0^2 u_0^2 K_2 e^{2M} \left\| (m_1 - m_2)_x \right\|_{L^2(0,1)}^2 , \qquad (3.4.23)$$

其中常数 $K_2 > 0$ 依赖于 $\left\| m_{2x} \right\|_{L^\infty(0,1)}$. 分部积分, 得

$$\int_0^1 m_{2xx} \left(e^{-m_1} - e^{-m_2} \right)(m_1 - m_2)_x \, dx =$$

$$\int_0^1 m_{2x} \left(e^{-m_1} m_{1x} - e^{-m_2} m_{2x} \right)(m_1 - m_2)_x \, dx -$$

$$\int_0^1 m_{2x} \left(e^{-m_1} - e^{-m_2} \right)(m_1 - m_2)_{xx} \, dx .$$

所以再利用 Young 不等式, 得

$$I_3 = -2\nu n_0 u_0 \int_0^1 \left[e^{-m_1} (m_1 - m_2)_{xx} (m_1 - m_2)_x + m_{2xx} \left(e^{-m_1} - e^{-m_2} \right)(m_1 - m_2)_x \right] dx$$

$$= -2\nu n_0 u_0 \int_0^1 e^{-m_1} (m_1 - m_2)_{xx} (m_1 - m_2)_x \, dx -$$

$$2\nu n_0 u_0 \int_0^1 m_{2x} \left(e^{-m_1} m_{1x} - e^{-m_2} m_{2x} \right)(m_1 - m_2)_x \, dx +$$

$$2\nu n_0 u_0 \int_0^1 m_{2x} \left(e^{-m_1} - e^{-m_2} \right)(m_1 - m_2)_{xx} \, dx$$

$$= -2\nu n_0 u_0 \int_0^1 e^{-m_1} (m_1 - m_2)_{xx} (m_1 - m_2)_x \, dx -$$

$$2\nu n_0 u_0 \int_0^1 e^{-m_1} m_{2x} (m_1 - m_2)_x^2 \, dx -$$

$$2\nu n_0 u_0 \int_0^1 m_{2x}^2 \left(e^{-m_1} - e^{-m_2} \right)(m_1 - m_2)_x \, dx +$$

$$2\nu n_0 u_0 \int_0^1 m_{2x} \left(e^{-m_1} - e^{-m_2} \right)(m_1 - m_2)_{xx} \, dx$$

$$\leqslant \frac{\varepsilon^2}{2} \left\| (m_1 - m_2)_{xx} \right\|_{L^2(0,1)}^2 + n_0^2 u_0^2 K_3 e^{2M} \left\| (m_1 - m_2)_x \right\|_{L^2(0,1)}^2 , \qquad (3.4.24)$$

80

其中常数 $K_3 > 0$ 依赖于 $\|m_{2x}\|_{L^\infty(0,1)}$.

（3.4.21）式左端第二项可以估计为

$$\frac{\varepsilon^2}{2} \int_0^1 (m_{1x}^2 - m_{2x}^2)(m_1 - m_2)_{xx} \, dx$$

$$\geqslant -\frac{\varepsilon^2}{2} \int_0^1 |m_{1x} + m_{2x}| \cdot |m_{1x} - m_{2x}| \cdot |m_{1xx} - m_{2xx}| \, dx$$

$$\geqslant -\varepsilon^2 \sqrt{\frac{c_0}{\frac{\varepsilon^2}{2} - \mu\alpha\varepsilon^2 - 2\nu n_0 |u_0| e^M}} \int_0^1 |m_{1x} - m_{2x}| \cdot |m_{1xx} - m_{2xx}| \, dx$$

$$\geqslant -\frac{\varepsilon^2}{2} \|(m_1 - m_2)_{xx}\|_{L^2(0,1)}^2 - \frac{\varepsilon^2 c_0}{\varepsilon^2 - 2\mu\alpha\varepsilon^2 - 4\nu n_0 |u_0| e^M} \|(m_1 - m_2)_x\|_{L^2(0,1)}^2 ,$$

$$（3.4.25）$$

这里我们用到了（3.4.20）式及 Young 不等式.

由（3.4.21）~（3.4.25）式可以推出

$$\left[\gamma e^{-(\gamma-1)M} - \gamma(\gamma-1)K_1 e^{(\gamma-1)M} - n_0^2 u_0^2 (K_2 + K_3) e^{2M} - \right.$$

$$\left. \frac{\varepsilon^2 c_0}{\varepsilon^2 - 2\mu\alpha\varepsilon^2 - 4\nu n_0 |u_0| e^M} \right] \times \|(m_1 - m_2)_x\|_{L^2(0,1)}^2 \leqslant 0. \qquad （3.4.26）$$

注意到（3.1.21）式中 c_0 的定义，可见如果 $\gamma - 1$，$|u_0|$，α，$\|f\|_{L^2(0,1)}$ 充分小，（3.4.26）式意味着 $m_1 = m_2$.

定理 3.1.4 的证明：有了定理 3.4.1 和定理 3.4.2，定理 3.1.4 的结果很容易推出，我们省略其细节.

3.5　定理 3.1.5 的证明

设 $w = u + \nu(\log n)_x$，由文献[25]知，问题（3.1.23）~（3.1.26）等价于

$$n_t + (nw)_x = \nu n_{xx} , \quad x \in \Omega = (0,1) , \quad t > 0 , \qquad （3.5.1）$$

$$(nw)_t + (nw^2)_x + (p(n))_x - 2\varepsilon_0^2 n\left(\frac{(\sqrt{n})_{xx}}{\sqrt{n}}\right)_x = \nu(nw)_{xx} , \tag{3.5.2}$$

$$n(\cdot,0) = n_0 , \ w(\cdot,0) = w_0 , \ x \in \Omega = (0,1) , \tag{3.5.3}$$

$$n = n_B , \ n_x = 0 , \ w = 0 , \ (x,t) \in \partial\Omega \times (0,\infty) . \tag{3.5.4}$$

（3.5.2）式乘以 w 并在 $\Omega = (0,1)$ 上积分，得

$$\int_0^1 (nw)_t w \mathrm{d}x$$

$$= -\int_0^1 (nw^2)_x w \mathrm{d}x - \int_0^1 (p(n))_x w \mathrm{d}x + 2\varepsilon_0^2 \int_0^1 nw\left(\frac{(\sqrt{n})_{xx}}{\sqrt{n}}\right)_x \mathrm{d}x + \nu\int_0^1 (nw)_{xx} w \mathrm{d}x$$

$$= A_1 + A_2 + A_3 + A_4 . \tag{3.5.5}$$

（3.5.1）式乘以 $H'(n) - \dfrac{w^2}{2} - 2\varepsilon_0^2\dfrac{(\sqrt{n})_{xx}}{\sqrt{n}}$ 并在 $\Omega = (0,1)$ 上积分，得

$$\int_0^1 n_t\left(H'(n) - \frac{w^2}{2} - 2\varepsilon_0^2\frac{(\sqrt{n})_{xx}}{\sqrt{n}}\right)\mathrm{d}x$$

$$= -\int_0^1 (nw)_x H'(n)\mathrm{d}x + \frac{1}{2}\int_0^1 w^2 (nw)_x \mathrm{d}x + 2\varepsilon_0^2 \int_0^1 \frac{(\sqrt{n})_{xx}}{\sqrt{n}}(nw)_x \mathrm{d}x +$$

$$\nu\int_0^1 H'(n) n_{xx}\mathrm{d}x - \frac{\nu}{2}\int_0^1 w^2 n_{xx}\mathrm{d}x - 2\varepsilon_0^2\nu\int_0^1 \frac{(\sqrt{n})_{xx}}{\sqrt{n}}n_{xx}\mathrm{d}x$$

$$= B_1 + B_2 + B_3 + B_4 + B_5 + B_6 . \tag{3.5.6}$$

我们首先考虑（3.5.5）式和（3.5.6）式的左端各项.

$$\int_0^1 (nw)_t w \mathrm{d}x - \frac{1}{2}\int_0^1 n_t w^2 \mathrm{d}x = \frac{1}{2}\int_0^1 (nw^2)_t \mathrm{d}x ,$$

$$\int_0^1 n_t H'(n)\mathrm{d}x = \int_0^1 (H(n))_t \mathrm{d}x ,$$

$$-2\varepsilon_0^2 \int_0^1 n_t \frac{(\sqrt{n})_{xx}}{\sqrt{n}}\mathrm{d}x = -4\varepsilon_0^2 \int_0^1 (\sqrt{n})_t (\sqrt{n})_{xx}\mathrm{d}x$$

$$= 4\varepsilon_0^2 \int_0^1 (\sqrt{n})_{xt}(\sqrt{n})_x \mathrm{d}x = 2\varepsilon_0^2 \int_0^1 \left[(\sqrt{n})_x^2\right]_t \mathrm{d}x ,$$

在上述分部积分中我们用到了 $n_x = 0$, $(x,t) \in \partial\Omega \times (0,\infty)$. 因此, (3.5.5) 式和 (3.5.6) 式的左端各项之和等于 $\dfrac{\mathrm{d}}{\mathrm{d}t} E_{\varepsilon_0}(t)$, 其中

$$E_{\varepsilon_0}(t) = \int_0^1 \left(H(n) + \frac{nw^2}{2} + 2\varepsilon_0^2 (\sqrt{n})_x^2 \right) \mathrm{d}x .$$

现在我们来计算 (3.5.5) 式和 (3.5.6) 式的右端各项. 注意到 $n_x = 0$, $w = 0$, $(x,t) \in \partial\Omega \times (0,\infty)$, 则

$$A_1 + B_2 = -\frac{1}{2} \int_0^1 (nw^3)_x \, \mathrm{d}x = 0 ,$$

$$A_2 + B_1 = -\int_0^1 [nH''(n)n_x w + (nw)_x H'(n)] \mathrm{d}x = -\int_0^1 [nH'(n)w]_x \, \mathrm{d}x = 0 ,$$

这里我们用到了 $nH''(n) = p'(n)$,

$$A_3 + B_3 = 2\varepsilon_0^2 \int_0^1 [(\sqrt{n})_{xx} \sqrt{n}w]_x \, \mathrm{d}x = 0 ,$$

$$A_4 + B_5 = -\nu \int_0^1 (nw)_x w_x \, \mathrm{d}x + \nu \int_0^1 n_x w_x w \, \mathrm{d}x = -\nu \int_0^1 nw_x^2 \mathrm{d}x ,$$

$$B_4 = -\nu \int_0^1 H''(n) n_x^2 \, \mathrm{d}x ,$$

$$B_6 = -4\varepsilon_0^2 \nu \int_0^1 (\sqrt{n})_{xx}^2 \, \mathrm{d}x - 4\varepsilon_0^2 \nu \int_0^1 \frac{(\sqrt{n})_x^2 (\sqrt{n})_{xx}}{\sqrt{n}} \, \mathrm{d}x$$

$$= -4\varepsilon_0^2 \nu \int_0^1 (\sqrt{n})_{xx}^2 \, \mathrm{d}x - \frac{4}{3}\varepsilon_0^2 \nu \int_0^1 \frac{\left[(\sqrt{n})_x^3 \right]_x}{\sqrt{n}} \, \mathrm{d}x$$

$$= -4\varepsilon_0^2 \nu \int_0^1 (\sqrt{n})_{xx}^2 \, \mathrm{d}x + \frac{4}{3}\varepsilon_0^2 \nu \int_0^1 (\sqrt{n})_x^3 \left(\frac{1}{\sqrt{n}} \right)_x \, \mathrm{d}x$$

$$= -4\varepsilon_0^2 \nu \int_0^1 \left[(\sqrt{n})_{xx}^2 + \frac{1}{3} \frac{(\sqrt{n})_x^4}{n} \right] \mathrm{d}x .$$

上述计算表明，（3.5.5）式和（3.5.6）式各项的和在 $(0,t)$ 上的积分等于

$$E_{\varepsilon_0}(t) - E_{\varepsilon_0}(0) = -v \int_0^t \int_0^1 [nw_x^2 + H''(n)n_x^2] \mathrm{d}x\mathrm{d}t$$

$$-4\varepsilon_0^2 v \int_0^t \int_0^1 \left[\left(\sqrt{n}\right)_{xx}^2 + \frac{1}{3} \frac{\left(\sqrt{n}\right)_x^4}{n} \right] \mathrm{d}x\mathrm{d}t.$$

我们对 $v = (\sqrt{n})_x$ 利用 Poincare 不等式

$$\|v\|_{L^2(\Omega)} \leqslant \frac{1}{\sqrt{2}} \|v_x\|_{L^2(\Omega)}, \quad \forall v \in H_0^1(\Omega),$$

得

$$2\varepsilon_0^2 \int_0^1 (\sqrt{n})_x^2 \mathrm{d}x \leqslant E_{\varepsilon_0}(t) \leqslant E_{\varepsilon_0}(0) - 4\varepsilon_0^2 v \int_0^t \int_0^1 (\sqrt{n})_{xx}^2 \mathrm{d}x\mathrm{d}t$$

$$\leqslant E_{\varepsilon_0}(0) - 8\varepsilon_0^2 v \int_0^t \int_0^1 (\sqrt{n})_x^2 \mathrm{d}x\mathrm{d}t.$$

由 Gronwall 引理知

$$\left\|(\sqrt{n})_x\right\|_{L^2(\Omega)}^2 \leqslant \frac{E_{\varepsilon_0}(0)}{2\varepsilon_0^2} e^{-4vt}, \quad t \geqslant 0.$$

再由 Sobolev-Poincare 不等式

$$\|v - v_B\|_{L^\infty(\Omega)} \leqslant \|v_x\|_{L^2(\Omega)}, \quad \forall v - v_B \in H_0^1(\Omega),$$

得

$$\left\|\sqrt{n} - \sqrt{n_B}\right\|_{L^\infty(\Omega)}^2 \leqslant \frac{E_{\varepsilon_0}(0)}{2\varepsilon_0^2} e^{-4vt}, \quad t \geqslant 0.$$

尤其，若 $\gamma = 1$，则 $H''(n) = \frac{1}{n}$，从而

$$2\varepsilon_0^2 \int_0^1 (\sqrt{n})_x^2 \mathrm{d}x \leqslant E_{\varepsilon_0}(t) \leqslant E_{\varepsilon_0}(0) - v \int_0^t \int_0^1 H''(n)n_x^2 \mathrm{d}x\mathrm{d}t - 4\varepsilon_0^2 v \int_0^t \int_0^1 (\sqrt{n})_{xx}^2 \mathrm{d}x\mathrm{d}t$$

$$\leq E_{\varepsilon_0}(0) - \left(8\varepsilon_0^2 v + 4v\right) \int_0^t \int_0^1 (\sqrt{n})_x^2 \mathrm{d}x \mathrm{d}t .$$

与上面类似，再利用 Gronwall 引理和 Sobolev-Poincare 不等式，得

$$\left\| \sqrt{n} - \sqrt{n_B} \right\|_{L^\infty(\Omega)}^2 \leq \frac{E_{\varepsilon_0}(0)}{2\varepsilon_0^2} \mathrm{e}^{-\left(4v + \frac{2v}{\varepsilon_0^2}\right)t} , \quad t \geq 0 .$$

定理 3.1.5 得证。

3.6 定理 3.1.6 的证明

定理 3.1.6 证明的主要思想是研究可观测量 $I(t) := \int_0^1 x(1-x)n\mathrm{d}x$ ，此可观测量在文献[39]中已被 Gamba 等人用来证明量子流体动力学模型解的爆破. 类似于[39]，我们有如下引理：

引理 3.6.1　设 (n,u) 为问题（3.1.27）~（3.1.32）的光滑解，非负量 $I(t)$ 定义为

$$I(t) := \int_0^1 x(1-x)n\mathrm{d}x , \quad \forall t \geq 0 .$$

则有

$$\frac{\mathrm{d}}{\mathrm{d}t} I(t) = \int_0^1 [(1-2x)n_I u_I + 4v n_I]\mathrm{d}x - 4v\int_0^1 n(x,t)\mathrm{d}x -$$

$$2\int_0^t \int_0^1 [nu^2 + p(n) + 4\varepsilon^2(\sqrt{n})_x^2]\mathrm{d}x\mathrm{d}s - 4v\int_0^t \int_0^1 n_x u \mathrm{d}x\mathrm{d}s +$$

$$\int_0^t n\left[u^2 + \frac{p(n)}{n} - 2\varepsilon^2\frac{(\sqrt{n})_{xx}}{\sqrt{n}} - 2vu_x\right](1,s)\mathrm{d}s +$$

$$\int_0^t n\left[u^2 + \frac{p(n)}{n} - 2\varepsilon^2\frac{(\sqrt{n})_{xx}}{\sqrt{n}} - 2vu_x\right](0,s)\mathrm{d}s . \quad （3.6.1）$$

证明：（3.1.28）式关于 x 和 t 在 $[0,1]\times[0,t]$ 上积分，我们得

$$\int_0^1 nu\,dx - \int_0^1 n_I u_I\,dx + \int_0^t n\left(u^2 + \frac{p(n)}{n}\right)(1,s)ds - \int_0^t n\left(u^2 + \frac{p(n)}{n}\right)(0,s)ds$$

$$= 2\varepsilon^2 \int_0^t \left[\sqrt{n}(\sqrt{n})_{xx}(1,s) - \sqrt{n}(\sqrt{n})_{xx}(0,s)\right]ds +$$

$$2v\int_0^t nu_x(1,s)ds - 2v\int_0^t nu_x(0,s)ds \ , \tag{3.6.2}$$

这里我们用到了

$$\int_0^1 n\left(\frac{(\sqrt{n})_{xx}}{\sqrt{n}}\right)_x dx = \int_0^1 \left[(\sqrt{n})_{xxx}\sqrt{n} - (\sqrt{n})_{xx}(\sqrt{n})_x\right]dx$$

$$= \int_0^1 \left[(\sqrt{n})_{xxx}\sqrt{n}\right]_x dx - 2\int_0^1 (\sqrt{n})_x(\sqrt{n})_{xx}dx$$

$$= (\sqrt{n})_{xxx}\sqrt{n}(1,s) - (\sqrt{n})_{xxx}\sqrt{n}(0,s) - \int_0^1 [(\sqrt{n})_x^2]_x dx$$

$$= (\sqrt{n})_{xxx}\sqrt{n}(1,s) - (\sqrt{n})_{xxx}\sqrt{n}(0,s) \ ,$$

由于边界条件（3.1.30）式上式最后一个积分等于零．

（3.1.28）式乘以 x 并在空间及时间区间上积分，得

$$\int_0^1 xnu\,dx - \int_0^1 xn_I u_I\,dx - \int_0^t \int_0^1 (nu^2 + p(n))dxds + \int_0^t (nu^2 + p(n))(1,s)ds$$

$$= 2\varepsilon^2 \int_0^t \int_0^1 xn\left(\frac{(\sqrt{n})_{xx}}{\sqrt{n}}\right)_x dxds + 2v\int_0^t \int_0^1 x(nu_x)_x dxds \ . \tag{3.6.3}$$

（3.6.3）式的右端第一项可表示为

$$\int_0^t \int_0^1 xn\left(\frac{(\sqrt{n})_{xx}}{\sqrt{n}}\right)_x dxds = \int_0^t \int_0^1 \left(xn\frac{(\sqrt{n})_{xx}}{\sqrt{n}}\right)_x dxds - \int_0^t \int_0^1 xn_x\frac{(\sqrt{n})_{xx}}{\sqrt{n}}dxds -$$

$$\int_0^t \int_0^1 n \frac{(\sqrt{n})_{xx}}{\sqrt{n}} \mathrm{d}x \mathrm{d}s$$

$$= \int_0^t \sqrt{n}(\sqrt{n})_{xx}(1,s)\mathrm{d}s - \int_0^t \int_0^1 x[(\sqrt{n})_x^2]_x \mathrm{d}x \mathrm{d}s -$$

$$\int_0^t \int_0^1 \sqrt{n}(\sqrt{n})_{xx}\mathrm{d}x \mathrm{d}s$$

$$= \int_0^t \sqrt{n}(\sqrt{n})_{xx}(1,s)\mathrm{d}s + 2\int_0^t \int_0^1 (\sqrt{n})_x^2 \mathrm{d}x \mathrm{d}s .$$

$$（3.6.4）$$

我们处理（3.6.3）式的右端第二项如下

$$\int_0^t \int_0^1 x(nu_x)_x \mathrm{d}x \mathrm{d}s = \int_0^t \int_0^1 [x(nu_x)]_x \mathrm{d}x \mathrm{d}s - \int_0^t \int_0^1 nu_x \mathrm{d}x \mathrm{d}s$$

$$= \int_0^t nu_x(1,s)\mathrm{d}s - \int_0^t \int_0^1 nu_x \mathrm{d}x \mathrm{d}s . \qquad （3.6.5）$$

（3.1.27）式关于 x 和 t 在 $[0,1]\times[0,t]$ 上积分，得

$$\int_0^t \int_0^1 nu_x \mathrm{d}x \mathrm{d}s = -\int_0^t \int_0^1 n_t \mathrm{d}x \mathrm{d}s - \int_0^t \int_0^1 n_x u \mathrm{d}x \mathrm{d}s$$

$$= \int_0^1 n_t \mathrm{d}x - \int_0^1 n(x,t)\mathrm{d}x - \int_0^t \int_0^1 n_x u \mathrm{d}x \mathrm{d}s . \qquad （3.6.6）$$

由（3.6.3）~（3.6.6）式，得

$$\int_0^1 xnu\mathrm{d}x = \int_0^1 xn_t u_t \mathrm{d}x + \int_0^t \int_0^1 (nu^2 + p(n))\mathrm{d}x \mathrm{d}s - \int_0^t (nu^2 + p(n))(1,s)\mathrm{d}s +$$

$$2\varepsilon^2 \int_0^t \sqrt{n}(\sqrt{n})_{xx}(1,s)\mathrm{d}s + 4\varepsilon^2 \int_0^t \int_0^1 (\sqrt{n})_x^2 \mathrm{d}x \mathrm{d}s + 2\nu \int_0^t nu_x(1,s)\mathrm{d}s -$$

$$2\nu \int_0^1 n_t \mathrm{d}x + 2\nu \int_0^1 n(x,t)\mathrm{d}x + 2\nu \int_0^t \int_0^1 n_x u \mathrm{d}x \mathrm{d}s . \qquad （3.6.7）$$

取 $\phi = x(1-x)$ 作为（3.1.27）的试验函数，得

$$\int_0^1 x(1-x)n_t \mathrm{d}x = \int_0^1 nu\mathrm{d}x - 2\int_0^1 xnu\mathrm{d}x. \tag{3.6.8}$$

将（3.6.2）和（3.6.7）代入（3.6.8）式我们可得（3.6.1）式成立.

定理 3.1.6 的证明：考虑到

$$-4\nu n_x u = -8\nu(\sqrt{n}u)(\sqrt{n})_x \leqslant 2nu^2 + 8\nu^2(\sqrt{n})_x^2$$

和 $\nu \leqslant \varepsilon$，我们可得

$$-2\int_0^t\int_0^1[nu^2 + p(n) + 4\varepsilon^2(\sqrt{n})_x^2]\mathrm{d}x\mathrm{d}s - 4\nu\int_0^t\int_0^1 n_x u\mathrm{d}x\mathrm{d}s$$

$$\leqslant -2\int_0^t\int_0^1[p(n) + 4(\varepsilon^2 - \nu^2)(\sqrt{n})_x^2]\mathrm{d}x\mathrm{d}s \leqslant 0. \tag{3.6.9}$$

由（3.6.1），（3.6.9），（3.1.31）和（3.1.32）式，得

$$I(t) \leqslant I(0) + t\int_0^1[(1-2x)n_I u_I + 4\nu n_I]\mathrm{d}x = I(0) + M_0 t,$$

这里

$$I(0) = \int_0^1 x(1-x)n_I \mathrm{d}x,$$

$$M_0 = \int_0^1[(1-2x)n_I u_I + 4\nu n_I]\mathrm{d}x.$$

容易看出，如果 $t > T^* := -\dfrac{I(0)}{M_0}$，则 $I(t) < 0$，这意味着解 n 在时刻 $t = T^*$ 爆破. 定理 3.1.6 得证.

第四章　量子流体动力学模型

4.1　引　言

双极量子流体动力学模型是描述双极半导体器件中电子和空穴运动规律的一种宏观模型，其形式为[41]

$$\frac{\partial n_e}{\partial t} + \mathrm{div} j_e = 0 , \tag{4.1.1}$$

$$\frac{\partial j_e}{\partial t} + \mathrm{div}\left(\frac{j_e \otimes j_e}{n_e}\right) + \nabla P_e(n_e) - \delta^2 n_e \nabla\left(\frac{\Delta\sqrt{n_e}}{\sqrt{n_e}}\right) = n_e \nabla V - \frac{j_e}{\tau_e} , \tag{4.1.2}$$

$$\frac{\partial n_i}{\partial t} + \mathrm{div} j_i = 0 , \tag{4.1.3}$$

$$\frac{\partial j_i}{\partial t} + \mathrm{div}\left(\frac{j_i \otimes j_i}{n_i}\right) + \nabla P_i(n_i) - \delta^2 n_i \nabla\left(\frac{\Delta\sqrt{n_i}}{\sqrt{n_i}}\right) = -n_i \nabla V - \frac{j_i}{\tau_i} , \tag{4.1.4}$$

$$\lambda^2 \Delta V = n_e - n_i - C(x) , \tag{4.1.5}$$

其中电子密度 n_e、空穴密度 n_i、电子电流密度 j_e、空穴电流密度 j_i 和电位势 V 为未知函数，普朗克常数 $\delta > 0$、德拜长度 $\lambda > 0$、电子动量松弛时间 $\tau_e > 0$ 和空穴动量松弛时间 $\tau_i > 0$ 是物理参数，$C(x)$ 表示带电粒子杂质，函数 $P_e(n_e) = n_e^{\alpha}$，$\alpha \geqslant 1$，$P_i(n_i) = n_i^{\beta}$，$\beta \geqslant 1$ 分别表示电子压力函数和空穴压力函数，当 $\alpha = \beta = 1$ 时，模型（4.1.1）~（4.1.5）称为等温模型，当 $\alpha, \beta > 1$ 时，模型（4.1.1）~（4.1.5）称为等熵模型．文献[41]通过积分把（4.1.1）~（4.1.5）的稳态模型转化成了一个二阶椭圆方程组，然后证明了其弱解的存在性和唯一性，并得到了动量松弛时间极限和半古典极限结果．文献[42]得到了（4.1.1）~（4.1.5）热平衡解的唯一存在性，并得到了动量松弛时间极限和半古典极限结果．文献[43]证明了（4.1.1）~（4.1.5）瞬态解的唯一存在性，并得到了动量松弛时间极限和半古典极限结果．文献[44]研究了（4.1.1）~（4.1.5）解的代数衰减性．

本章我们在有界区域 $(0,1)$ 上研究（4.1.1）~（4.1.5）的一维等温稳态模型的混合边值问题：

$$\left(\frac{j_0^2}{n_e}\right)_x + n_{e,x} - \delta^2 n_e \left(\frac{(\sqrt{n_e})_{xx}}{\sqrt{n_e}}\right)_x = n_e V_x - \frac{j_0}{\tau_e}, \qquad (4.1.6)$$

$$\left(\frac{j_1^2}{n_i}\right)_x + n_{i,x} - \delta^2 n_i \left(\frac{(\sqrt{n_i})_{xx}}{\sqrt{n_i}}\right)_x = -n_i V_x - \frac{j_1}{\tau_i}, \qquad (4.1.7)$$

$$V_{xx} = n_e - n_i - C(x) \quad \text{in}(0,1), \qquad (4.1.8)$$

$$n_e(0) = n_e(1) = 1, \quad n_{e,x}(0) = n_{e,x}(1) = 0, \qquad (4.1.9)$$

$$n_i(0) = n_i(1) = 1, \quad n_{i,x}(0) = n_{i,x}(1) = 0, \qquad (4.1.10)$$

这里为了方便，我们假定了 $\lambda = 1$，常数 j_0 和 j_1 分别表示电子电流密度和空穴电流密度. 与文献[41]不同，我们要把（4.1.6）~（4.1.8）转化为四阶椭圆方程组. 为此，（4.1.6）式两边同除以 n_e 并关于 x 求导，再利用（4.1.8）式，得

$$-\delta^2 \left(\frac{(\sqrt{n_e})_{xx}}{\sqrt{n_e}}\right)_{xx} + \left(\frac{n_{e,x}}{n_e}\right)_x$$

$$= n_e - n_i - C(x) + j_0^2 \left(\frac{n_{e,x}}{n_e^3}\right)_x - \frac{j_0}{\tau_e}\left(\frac{1}{n_e}\right)_x. \qquad (4.1.11)$$

同理，（4.1.7）式两边同除以 n_i 并关于 x 求导，再利用（4.1.8）式，得

$$-\delta^2 \left(\frac{(\sqrt{n_i})_{xx}}{\sqrt{n_i}}\right)_{xx} + \left(\frac{n_{i,x}}{n_i}\right)_x$$

$$= -n_e + n_i + C(x) + j_1^2 \left(\frac{n_{i,x}}{n_i^3}\right)_x - \frac{j_1}{\tau_i}\left(\frac{1}{n_i}\right)_x. \qquad (4.1.12)$$

令 $n_e = e^u$，$n_i = e^v$，则（4.1.11），（4.1.12），（4.1.9），（4.1.10）变为

$$-\frac{\delta^2}{2}\left(u_{xx} + \frac{u_x^2}{2}\right)_{xx} + u_{xx}$$

$$= e^u - e^v - C(x) + j_0^2 (e^{-2u} u_x)_x - \frac{j_0}{\tau_e}(e^{-u})_x, \qquad (4.1.13)$$

$$-\frac{\delta^2}{2}\left(v_{xx}+\frac{v_x^2}{2}\right)_{xx}+v_{xx}$$

$$=-\mathrm{e}^u+\mathrm{e}^v+C(x)+j_1^2(\mathrm{e}^{-2v}v_x)_x-\frac{j_1}{\tau_i}(\mathrm{e}^{-v})_x\ ,\tag{4.1.14}$$

$$u(0)=u(1)=0\ ,\ u_x(0)=u_x(1)=0\ ,\tag{4.1.15}$$

$$v(0)=v(1)=0\ ,\ v_x(0)=v_x(1)=0\ .\tag{4.1.16}$$

定义 4.1.1 我们称 $(u,v)\in H_0^2(0,1)\times H_0^2(0,1)$ 为问题（4.1.13）~（4.1.16）的一个弱解，若对所有的 $\psi\in H_0^2(0,1)$，成立

$$-\frac{\delta^2}{2}\int_0^1\left(u_{xx}+\frac{u_x^2}{2}\right)\psi_{xx}\mathrm{d}x-\int_0^1 u_x\psi_x\mathrm{d}x$$

$$=\int_0^1(\mathrm{e}^u-\mathrm{e}^v-C(x))\psi\mathrm{d}x-j_0^2\int_0^1\mathrm{e}^{-2u}u_x\psi_x\mathrm{d}x+\frac{j_0}{\tau_e}\int_0^1\mathrm{e}^{-u}\psi_x\mathrm{d}x\ ,\tag{4.1.17}$$

$$-\frac{\delta^2}{2}\int_0^1\left(v_{xx}+\frac{v_x^2}{2}\right)\psi_{xx}\mathrm{d}x-\int_0^1 v_x\psi_x\mathrm{d}x$$

$$=-\int_0^1(\mathrm{e}^u-\mathrm{e}^v-C(x))\psi\mathrm{d}x-j_1^2\int_0^1\mathrm{e}^{-2v}v_x\psi_x\mathrm{d}x+\frac{j_1}{\tau_i}\int_0^1\mathrm{e}^{-v}\psi_x\mathrm{d}x\ .\tag{4.1.18}$$

本章的主要结果是：

定理 4.1.1（解的存在性）[45] 设 $C(x)\in L^2(0,1)$，$|j_0|$ 和 $|j_1|$ 充分小，满足

$$j_0^2\mathrm{e}^{2M_1}\ ,\ j_1^2\mathrm{e}^{2M_2}<\frac{1}{2}\ ,\tag{4.1.19}$$

其中 M_1，M_2 分别是

$$\frac{\|C(x)\|_{L^2(0,1)}}{\sqrt{\frac{1}{2}-j_0^2\mathrm{e}^{2M_1}}}=M_1\tag{4.1.20}$$

和

$$\frac{\|C(x)\|_{L^2(0,1)}}{\sqrt{\frac{1}{2}-j_1^2\mathrm{e}^{2M_2}}}=M_2\tag{4.1.21}$$

的解，则问题（4.1.13）~（4.1.16）存在弱解 $(u,v)\in H_0^2(0,1)\times H_0^2(0,1)$，且 $\|u\|_{L^\infty(0,1)}\leqslant M_1$，$\|v\|_{L^\infty(0,1)}\leqslant M_2$.

定理 4.1.2（解的唯一性）[46]　设定理 4.1.2 中的条件成立，且 $|j_0|$，$|j_1|$，δ，$\|C(x)\|_{L^2(0,1)}$ 充分小，使得

$$1-j_0^2\mathrm{e}^{2M_1}-\frac{\delta}{8}\Big(M_1^2+2\|C(x)\|_{L^2(0,1)}^2\Big)-\sqrt{2}j_0^2\mathrm{e}^{2M_1}\sqrt{\frac{M_1^2+2\|C(x)\|_{L^2(0,1)}^2}{\delta}}-$$

$$\frac{|j_0|\mathrm{e}^{M_1}}{\sqrt{2}\tau_e}-\frac{\mathrm{e}^{M_1}+\mathrm{e}^{M_2}}{4}>0\,,\tag{4.1.22}$$

$$1-j_1^2\mathrm{e}^{2M_2}-\frac{\delta}{8}\Big(M_2^2+2\|C(x)\|_{L^2(0,1)}^2\Big)-\sqrt{2}j_1^2\mathrm{e}^{2M_2}\sqrt{\frac{M_2^2+2\|C(x)\|_{L^2(0,1)}^2}{\delta}}-$$

$$\frac{|j_1|\mathrm{e}^{M_2}}{\sqrt{2}\tau_i}-\frac{\mathrm{e}^{M_1}+\mathrm{e}^{M_2}}{4}>0\,,\tag{4.1.23}$$

则问题（4.1.13）~（4.1.16）的弱解 $(u,v)\in H_0^2(0,1)\times H_0^2(0,1)$ 是唯一的.

双极粘性量子流体动力学模型形式为[47]

$$\frac{\partial n_e}{\partial t}-\mu\Delta n_e+\operatorname{div}j_e=0\,,\tag{4.1.24}$$

$$\frac{\partial j_e}{\partial t}-\mu\Delta j_e+$$

$$\operatorname{div}\left(\frac{j_e\otimes j_e}{n_e}\right)+\nabla P_e(n_e)-\delta^2 n_e\nabla\left(\frac{\Delta\sqrt{n_e}}{\sqrt{n_e}}\right)=n_e\nabla V-\frac{j_e}{\tau_e}\,,\tag{4.1.25}$$

$$\frac{\partial n_i}{\partial t}-\mu\Delta n_i+\operatorname{div}j_i=0\,,\tag{4.1.26}$$

$$\frac{\partial j_i}{\partial t}-\mu\Delta j_i+$$

$$\operatorname{div}\left(\frac{j_i\otimes j_i}{n_i}\right)+\nabla P_i(n_i)-\delta^2 n_i\nabla\left(\frac{\Delta\sqrt{n_i}}{\sqrt{n_i}}\right)=-n_i\nabla V-\frac{j_i}{\tau_i}\,,\tag{4.1.27}$$

$$\lambda^2\Delta V=n_e-n_i-C(x)\,,\tag{4.1.28}$$

其中电子浓度 n_e、空穴浓度 n_i、电子电流密度 j_e、空穴电流密度 j_i 和电位势 V 为未知函数，普朗克常数 $\delta > 0$、粘性常数 $\mu > 0$、德拜长度 $\lambda > 0$、电子动量松弛时间 $\tau_e > 0$ 和空穴动量松弛时间 $\tau_i > 0$ 是物理参数，$C(x)$ 表示带电粒子杂质，函数 $P_e(n_e) = T_e n_e^\alpha$，$\alpha \geq 1$，$P_i(n_i) = T_i n_i^\beta$，$\beta \geq 1$ 分别表示电子压力函数和空穴压力函数，当 $\alpha = \beta = 1$ 时，模型（4.1.24）~（4.1.28）称为等温模型，当 $\alpha, \beta > 1$ 时，模型（4.1.24）~（4.1.28）称为等熵模型. 文献[47]得到了模型（4.1.24）~（4.1.28）解的指数衰减性.

我们在有界区域 $(0,1)$ 上研究（4.1.24）~（4.1.28）的一维等温稳态模型的混合边值问题：

$$j_{ex} = \mu n_{exx}, \tag{4.1.29}$$

$$\left(\frac{j_e^2}{n_e} \right)_x + n_{e,x} - \delta^2 n_e \left(\frac{(\sqrt{n_e})_{xx}}{\sqrt{n_e}} \right)_x = n_e V_x - \frac{j_e}{\tau_e} + \mu j_{exx}, \tag{4.1.30}$$

$$j_{ix} = \mu n_{ixx}, \tag{4.1.31}$$

$$\left(\frac{j_i^2}{n_i} \right)_x + n_{i,x} - \delta^2 n_i \left(\frac{(\sqrt{n_i})_{xx}}{\sqrt{n_i}} \right)_x = -n_i V_x - \frac{j_i}{\tau_i} + \mu j_{ixx}, \tag{4.1.32}$$

$$V_{xx} = n_e - n_i - C(x) \quad \text{in}(0,1), \tag{4.1.33}$$

$$n_e(0) = n_e(1) = 1, \quad n_{e,x}(0) = n_{e,x}(1) = 0, \tag{4.1.34}$$

$$n_i(0) = n_i(1) = 1, \quad n_{i,x}(0) = n_{i,x}(1) = 0, \tag{4.1.35}$$

$$V(0) = V_0, \quad j_e(0) = j_{e0}, \quad j_i(0) = j_{i0}, \tag{4.1.36}$$

这里为了方便，我们假定了 $T_e = T_i = \lambda = 1$. 下面我们要把（4.1.29）~（4.1.33）转化为四阶椭圆方程组。 为此，（4.1.29）式两边在 $(0, x)$ 上积分并利用 $j_e(0) = j_{e0}$，得

$$j_e = \mu n_{ex} + j_{e0},$$

从而

$$\left(\frac{j_e^2}{n_e} \right) - \mu j_{exx} = -2\mu^2 n_e \left(\frac{(\sqrt{n_e})_{xx}}{\sqrt{n_e}} \right)_x + \left(\frac{j_{e0}^2}{n_e} \right)_x + 2\mu j_{e0}(\log n_e)_{xx}.$$

因此（4.1.30）式可变为

$$\left(\frac{j_{e0}^2}{n_e}\right)_x + \left(1+\frac{\mu}{\tau}\right)n_{e,x} - (2\mu^2+\delta^2)n_e\left(\frac{(\sqrt{n_e})_{xx}}{\sqrt{n_e}}\right)_x$$

$$= n_e V_x - \frac{j_{e0}}{\tau_e} - 2\mu j_{e0}(\log n_e)_{xx}. \tag{4.1.37}$$

同理，（4.1.32）式可变为

$$\left(\frac{j_{i0}^2}{n_i}\right)_x + \left(1+\frac{\mu}{\tau}\right)n_{i,x} - (2\mu^2+\delta^2)n_i\left(\frac{(\sqrt{n_i})_{xx}}{\sqrt{n_i}}\right)_x$$

$$= -n_i V_x - \frac{j_{i0}}{\tau_i} - 2\mu j_{i0}(\log n_i)_{xx}. \tag{4.1.38}$$

（4.1.37）式两边同除以 n_e 并关于 x 求导，再利用（4.1.33）式，得

$$-(2\mu^2+\delta^2)\left(\frac{(\sqrt{n_e})_{xx}}{\sqrt{n_e}}\right)_{xx} + \left(1+\frac{\mu}{\tau_e}\right)(\log n_e)_{xx}$$

$$= n_e - n_i - C(x) + j_{e0}^2\left(\frac{n_{e,x}}{n_e^3}\right)_x - 2\mu j_{e0}\left(\frac{1}{n_e}(\log n_e)_{xx}\right)_x - \frac{j_{e0}}{\tau_e}\left(\frac{1}{n_e}\right)_x. \tag{4.1.39}$$

同理，（4.1.38）式两边同除以 n_i 并关于 x 求导，再利用（4.1.33）式，得

$$-(2\mu^2+\delta^2)\left(\frac{(\sqrt{n_i})_{xx}}{\sqrt{n_i}}\right)_{xx} + \left(1+\frac{\mu}{\tau_i}\right)(\log n_i)_{xx}$$

$$= -n_e + n_i + C(x) + j_{i0}^2\left(\frac{n_{i,x}}{n_i^3}\right)_x - 2\mu j_{i0}\left(\frac{1}{n_i}(\log n_i)_{xx}\right)_x$$

$$- \frac{j_{i0}}{\tau_i}\left(\frac{1}{n_i}\right)_x. \tag{4.1.40}$$

作指数变换 $n_e = e^u$，$n_i = e^v$，则（4.1.39），（4.1.40），（4.1.34），（4.1.35）变为

$$-\left(\mu^2+\frac{\delta^2}{2}\right)\left(u_{xx}+\frac{u_x^2}{2}\right)_{xx} + \left(1+\frac{\mu}{\tau_e}\right)u_{xx}$$

$$= e^u - e^v - C(x) + j_{e0}^2(e^{-2u}u_x)_x - 2\mu j_{e0}(e^{-u}u_{xx})_x - \frac{j_{e0}}{\tau_e}(e^{-u})_x, \tag{4.1.41}$$

$$-\left(\mu^2+\frac{\delta^2}{2}\right)\left(v_{xx}+\frac{v_x^2}{2}\right)_{xx}+\left(1+\frac{\mu}{\tau_i}\right)v_{xx}$$

$$=-e^u+e^v+C(x)+j_{i0}^2(e^{-2v}v_x)_x-2\mu j_{i0}(e^{-v}v_{xx})_x-\frac{j_{i0}}{\tau_i}(e^{-v})_x\ , \tag{4.1.42}$$

$$u(0)=u(1)=0\ ,\ u_x(0)=u_x(1)=0\ , \tag{4.1.43}$$

$$v(0)=v(1)=0\ ,\ v_x(0)=v_x(1)=0\ . \tag{4.1.44}$$

定义 4.1.2 我们称 $(u,v)\in H_0^2(0,1)\times H_0^2(0,1)$ 为问题（4.1.41）~（4.1.44）的一个弱解，若对所有的 $\psi\in H_0^2(0,1)$，成立

$$\left(\mu^2+\frac{\delta^2}{2}\right)\int_0^1\left(u_{xx}+\frac{u_x^2}{2}\right)\psi_{xx}\mathrm{d}x+\left(1+\frac{\mu}{\tau_e}\right)\int_0^1 u_x\psi_x\mathrm{d}x$$

$$=-\int_0^1(e^u-e^v-C(x))\psi\mathrm{d}x+j_{e0}^2\int_0^1 e^{-2u}u_x\psi_x\mathrm{d}x$$

$$-2\mu j_{e0}\int_0^1 e^{-u}u_{xx}\psi_x\mathrm{d}x-\frac{j_{e0}}{\tau_e}\int_0^1 e^{-u}\psi_x\mathrm{d}x\ , \tag{4.1.45}$$

$$\left(\mu^2+\frac{\delta^2}{2}\right)\int_0^1\left(v_{xx}+\frac{v_x^2}{2}\right)\psi_{xx}\mathrm{d}x+\left(1+\frac{\mu}{\tau_i}\right)\int_0^1 v_x\psi_x\mathrm{d}x$$

$$=\int_0^1(e^u-e^v-C(x))\psi\mathrm{d}x+j_{i0}^2\int_0^1 e^{-2v}v_x\psi_x\mathrm{d}x-2\mu j_{i0}\int_0^1 e^{-v}v_{xx}\psi_x\mathrm{d}x-\frac{j_{i0}}{\tau_i}\int_0^1 e^{-v}\psi_x\mathrm{d}x\ .$$

$$\tag{4.1.46}$$

本文的主要结果是：

定理 4.1.3[48]（解的存在性） 设 $C(x)\in L^2(0,1)$，$|j_{e0}|$ 和 $|j_{i0}|$ 充分小，满足

$$\frac{1}{2}+\frac{\mu}{\tau_e}-2j_{e0}^2 e^{2M_1}>0\ , \tag{4.1.47}$$

$$\frac{1}{2}+\frac{\mu}{\tau_i}-2j_{i0}^2 e^{2M_2}>0\ , \tag{4.1.48}$$

其中 M_1，M_2 分别是

$$\frac{\|C(x)\|_{L^2(0,1)}}{\sqrt{\frac{1}{2}+\frac{\mu}{\tau_e}-2j_{e0}^2 e^{2M_1}}}=M_1 \tag{4.1.49}$$

和

$$\frac{\|C(x)\|_{L^2(0,1)}}{\sqrt{\dfrac{1}{2}+\dfrac{\mu}{\tau_i}-2j_{i0}^2 e^{2M_2}}} = M_2 \tag{4.1.50}$$

的解，则问题（4.1.41）～（4.1.44）存在弱解 $(u,v)\in H_0^2(0,1)\times H_0^2(0,1)$，且 $\|u\|_{L^\infty(0,1)}\le M_1$，$\|v\|_{L^\infty(0,1)}\le M_2$.

定理 4.1.4[49]**（解的唯一性）** 设定理 4.1.3 中的条件成立，且 $|j_{e0}|$，$|j_{i0}|$，$\|C(x)\|_{L^2(0,1)}$，μ 充分小，使得

$$\left\{1+\frac{\mu}{\tau_e}-\frac{1}{\delta^3}\left[\left(\mu^2+\frac{\delta^2}{2}\right)^2+\sqrt{2}\delta^2\mu\,|\,j_{e0}\,|\,e^{M_1}+2\mu^2 j_{e0}^2 e^{2M_1}\right]\right\}$$

$$\left(M_1^2+2\|C(x)\|_{L^2(0,1)}^2\right)-$$

$$\left(2\mu|j_{e0}|e^{M_1}+\sqrt{2}j_{e0}^2 e^{2M_1}\right)\sqrt{\frac{M_1^2+2\|C(x)\|_{L^2(0,1)}^2}{\delta}}-$$

$$2j_{e0}^2 e^{2M_1}-\frac{|\,j_{e0}\,|\,e^{M_1}}{\sqrt{2}\tau_e}-\frac{e^{M_1}+e^{M_2}}{4}>0, \tag{4.1.51}$$

$$\left\{1+\frac{\mu}{\tau_i}-\frac{1}{\delta^3}\left[\left(\mu^2+\frac{\delta^2}{2}\right)^2+\sqrt{2}\delta^2\mu\,|\,j_{i0}\,|\,e^{M_2}+2\mu^2 j_{i0}^2 e^{2M_2}\right]\right\}$$

$$\left(M_2^2+2\|C(x)\|_{L^2(0,1)}^2\right)-$$

$$\left(2\mu|j_{i0}|e^{M_2}+\sqrt{2}j_{i0}^2 e^{2M_2}\right)\sqrt{\frac{M_2^2+2\|C(x)\|_{L^2(0,1)}^2}{\delta}}-$$

$$2j_{i0}^2 e^{2M_2}-\frac{|\,j_{i0}\,|\,e^{M_2}}{\sqrt{2}\tau_i}-\frac{e^{M_1}+e^{M_2}}{4}>0, \tag{4.1.52}$$

则问题（4.1.41）～（4.1.44）的解 $(u,v)\in H_0^2(0,1)\times H_0^2(0,1)$ 是唯一的.

注 1 由（4.1.49）式和（4.1.50）式可知，当 $|j_{e0}|$，$|j_{i0}|$，$\|C(x)\|_{L^2(0,1)}$，μ 充分小时，M_1，M_2 也会充分小，从而可使（4.1.51）式及（4.1.52）式成立.

本章我们安排如下：第 4.2 节证明定理 4.1.1，第 4.3 节证明定理 4.1.2，第 4.4 节证明定理 4.1.3，第 4.5 节证明定理 4.1.4.

4.2 定理 4.1.1 的证明

为了证明定理 4.1.1，我们考虑（4.1.13）~（4.1.14）式的截断问题：

$$-\frac{\delta^2}{2}\left(u_{xx}+\frac{u_x^2}{2}\right)_{xx}+u_{xx}=\mathrm{e}^u-\mathrm{e}^v-C(x)+j_0^2(\mathrm{e}^{-2u_{M_1}}u_x)_x-\frac{j_0}{\tau_e}(\mathrm{e}^{-u})_x,$$

$$\tag{4.2.1}$$

$$-\frac{\delta^2}{2}\left(v_{xx}+\frac{v_x^2}{2}\right)_{xx}+v_{xx}=-\mathrm{e}^u+\mathrm{e}^v+C(x)+j_1^2(\mathrm{e}^{-2v_{M_2}}v_x)_x-\frac{j_1}{\tau_i}(\mathrm{e}^{-v})_x,$$

$$\tag{4.2.2}$$

其中 M_1，M_2 如（4.1.20），（4.1.21）式所定义，

$$u_{M_1}=\min\{M_1,\max\{-M_1,u\}\},\quad v_{M_2}=\min\{M_2,\max\{-M_2,v\}\}.$$

我们有如下引理：

引理 4.2.1 设定理 4.1.1 中的条件成立，$(u,v)\in H_0^2(0,1)\times H_0^2(0,1)$ 是问题（4.2.1），（4.2.2），（4.1.15），（4.1.16）的一个弱解，则

$$\frac{\delta^2}{2}\|u_{xx}\|_{L^2(0,1)}^2+\frac{\delta^2}{2}\|v_{xx}\|_{L^2(0,1)}^2+\left(\frac{1}{2}-j_0^2\mathrm{e}^{2M_1}\right)\|u_x\|_{L^2(0,1)}^2+\left(\frac{1}{2}-j_1^2\mathrm{e}^{2M_2}\right)\|v_x\|_{L^2(0,1)}^2$$

$$\leqslant\|C(x)\|_{L^2(0,1)}^2,\tag{4.2.3}$$

且 $\|u\|_{L^\infty(0,1)}\leqslant M_1$，$\|v\|_{L^\infty(0,1)}\leqslant M_2$.

证明： 用 $\psi=u$ 作为（4.2.1）式的试验函数，得

$$\frac{\delta^2}{2}\int_0^1\left(u_{xx}^2+\frac{1}{2}u_x^2u_{xx}\right)\mathrm{d}x+\int_0^1u_x^2\mathrm{d}x$$

$$=-\int_0^1(\mathrm{e}^u-\mathrm{e}^v-C(x))u\mathrm{d}x+j_0^2\int_0^1\mathrm{e}^{-2u_{M_1}}u_x^2\mathrm{d}x-\frac{j_0}{\tau_e}\int_0^1\mathrm{e}^{-u}u_x\mathrm{d}x.\tag{4.2.4}$$

由边界条件（4.1.15）知，

$$\frac{\delta^2}{4}\int_0^1u_x^2u_{xx}\mathrm{d}x=\frac{\delta^2}{12}\int_0^1(u_x^3)_x\mathrm{d}x=\frac{\delta^2}{12}(u_x^3(1)-u_x^3(0))=0,\tag{4.2.5}$$

$$\int_0^1 e^{-u} u_x dx = -\int_0^1 (e^{-u})_x dx = e^{-u(0)} - e^{-u(1)} = 0 , \quad (4.2.6)$$

而

$$\int_0^1 e^{-2u_{M_1}} u_x^2 dx \leqslant e^{2M_1} \int_0^1 u_x^2 dx , \quad (4.2.7)$$

所以由（4.2.4）~（4.2.7）式，得

$$\frac{\delta^2}{2} \int_0^1 u_{xx}^2 dx + (1 - j_0^2 e^{2M_1}) \int_0^1 u_x^2 dx \leqslant -\int_0^1 (e^u - e^v - C(x)) u dx . \quad (4.2.8)$$

同理，用 $\psi = v$ 作为（4.2.2）式的试验函数，并进行如上估计可得

$$\frac{\delta^2}{2} \int_0^1 v_{xx}^2 dx + (1 - j_1^2 e^{2M_2}) \int_0^1 v_x^2 dx \leqslant \int_0^1 (e^u - e^v - C(x)) v dx \quad (4.2.9)$$

由（4.2.8）与（4.2.9）式两边分别相加，并利用 Young 不等式和 Poincare 不等式，得

$$\frac{\delta^2}{2} \int_0^1 u_{xx}^2 dx + \frac{\delta^2}{2} \int_0^1 v_{xx}^2 dx + (1 - j_0^2 e^{2M_1}) \int_0^1 u_x^2 dx + (1 - j_1^2 e^{2M_2}) \int_0^1 v_x^2 dx$$

$$\leqslant -\int_0^1 (e^u - e^v)(u - v) dx + \int_0^1 C(x)(u - v) dx$$

$$\leqslant \int_0^1 C(x)(u - v) dx$$

$$\leqslant \frac{1}{2} \int_0^1 u^2 dx + \frac{1}{2} \int_0^1 v^2 dx + \int_0^1 C(x)^2 dx$$

$$\leqslant \frac{1}{2} \int_0^1 u_x^2 dx + \frac{1}{2} \int_0^1 v_x^2 dx + \int_0^1 C(x)^2 dx , \quad (4.2.10)$$

由此可知（4.2.3）式成立. 由 Poincare-Sobolev 不等式及（4.2.3）式，得

$$\|u\|_{L^\infty(0,1)} \leqslant \|u_x\|_{L^2(0,1)} \leqslant \frac{\|C(x)\|_{L^2(0,1)}}{\sqrt{\frac{1}{2} - j_0^2 e^{2M_1}}} ,$$

$$\|v\|_{L^\infty(0,1)} \leqslant \|v_x\|_{L^2(0,1)} \leqslant \frac{\|C(x)\|_{L^2(0,1)}}{\sqrt{\frac{1}{2} - j_1^2 e^{2M_2}}} .$$

令 M_1 ，M_2 分别为（4.1.20）和（4.1.21）式的解，则 $\|u\|_{L^\infty(0,1)} \leqslant M_1$，$\|v\|_{L^\infty(0,1)} \leqslant M_2$.
引理 4.2.1 得证.

定理 4.1.1 的证明：对于给定 $(\rho,\eta) \in W_0^{1,4}(0,1) \times W_0^{1,4}(0,1)$ 及试验函数 $\psi \in H_0^2(0,1)$，考虑如下线性问题：

$$-\frac{\delta^2}{2}\int_0^1 u_{xx}\psi_{xx}\mathrm{d}x - \frac{\sigma\delta^2}{4}\int_0^1 \rho_x^2\psi_{xx}\mathrm{d}x - \int_0^1 u_x\psi_x\mathrm{d}x$$

$$= \sigma\int_0^1(\mathrm{e}^\rho - \mathrm{e}^\eta - C(x))\psi\mathrm{d}x - \sigma j_0^2\int_0^1 \mathrm{e}^{-2\rho}\rho_x\psi_x\mathrm{d}x + \frac{\sigma j_0}{\tau_e}\int_0^1 \mathrm{e}^{-\rho}\psi_x\mathrm{d}x \ , \quad （4.2.11）$$

$$-\frac{\delta^2}{2}\int_0^1 v_{xx}\psi_{xx}\mathrm{d}x - \frac{\sigma\delta^2}{4}\int_0^1 \eta_x^2\psi_{xx}\mathrm{d}x - \int_0^1 v_x\psi_x\mathrm{d}x$$

$$= -\sigma\int_0^1(\mathrm{e}^\rho - \mathrm{e}^\eta - C(x))\psi\mathrm{d}x - \sigma j_1^2\int_0^1 \mathrm{e}^{-2\eta}\eta_x\psi_x\mathrm{d}x + \frac{\sigma j_1}{\tau_i}\int_0^1 \mathrm{e}^{-\eta}\psi_x\mathrm{d}x \ , \quad （4.2.12）$$

这里 $\sigma \in [0,1]$。定义双线性形式

$$a(u,\psi) = \frac{\delta^2}{2}\int_0^1 u_{xx}\psi_{xx}\mathrm{d}x + \int_0^1 u_x\psi_x\mathrm{d}x \quad （4.2.13）$$

和线性泛函

$$F(\psi) = -\frac{\sigma\delta^2}{4}\int_0^1 \rho_x^2\psi_{xx}\mathrm{d}x - \sigma\int_0^1(\mathrm{e}^\rho - \mathrm{e}^\eta - C(x))\psi\mathrm{d}x +$$

$$\sigma j_0^2\int_0^1 \mathrm{e}^{-2\rho}\rho_x\psi_x\mathrm{d}x - \frac{\sigma j_0}{\tau_e}\int_0^1 \mathrm{e}^{-\rho}\psi_x\mathrm{d}x . \quad （4.2.14）$$

因为双线性形式 $a(u,\psi)$ 在 $H_0^2(0,1) \times H_0^2(0,1)$ 上是连续且强制的，且线性泛函 $F(\psi)$ 在 $H_0^2(0,1)$ 上连续，所以由 Lax-Milgram 定理知问题（4.2.11）存在解 $u \in H_0^2(0,1)$. 同理，问题（4.2.12）也存在解 $v \in H_0^2(0,1)$. 从而算子

$$S: W_0^{1,4}(0,1) \times W_0^{1,4}(0,1) \times [0,1] \to W_0^{1,4}(0,1) \times W_0^{1,4}(0,1), \quad (\rho,\eta,\sigma) \mapsto (u,v)$$

是有定义的. 此外，因为 $H_0^2(0,1) \subset W_0^{1,4}(0,1)$ 是紧嵌入，所以 S 是连续且紧的. 另外，$S(\rho,\eta,0) = (0,0)$. 与引理 4.2.1 的证明类似，我们可以证明对所有满足 $S(\rho,\eta,\sigma) = (u,v)$ 的 $(u,v,\sigma) \in W_0^{1,4}(0,1) \times W_0^{1,4}(0,1) \times [0,1]$ 都有 $\|u\|_{H_0^2(0,1)}, \|v\|_{H_0^2(0,1)} \leqslant C$，这里 C 为常数. 从而由 Leray-Schauder 不动点定理知 $S(u,v,1) = (u,v)$ 存在不

动点 $(u,v) \in H_0^2(0,1) \times H_0^2(0,1)$. 此不动点就是问题（4.2.1），（4.2.2），（4.1.15），（4.1.16）的一个解，事实上它也是问题（4.1.13）~（4.1.16）的一个解，这是因为 $\|u\|_{L^\infty(0,1)} \leqslant M_1$，$\|v\|_{L^\infty(0,1)} \leqslant M_2$。定理 4.1.1 得证。

4.3 定理 4.1.2 的证明

由（4.2.3）式知

$$\|u_x\|_{L^2(0,1)}^2 \leqslant \frac{\|C(x)\|_{L^2(0,1)}^2}{\frac{1}{2} - j_0^2 e^{2M_1}} = M_1^2 , \tag{4.3.1}$$

$$\|u_{xx}\|_{L^2(0,1)}^2 \leqslant \frac{2\|C(x)\|_{L^2(0,1)}^2}{\delta^2} , \tag{4.3.2}$$

这里（4.3.1）式中用到了 M_1 的定义（见（4.1.20）式），从而再由边界条件（4.1.15）式，Holder 不等式及 Young 不等式知，

$$u_x^2(x) = \int_0^x (u_x^2(s))_x \, \mathrm{d}s = 2\int_0^x u_x(s)u_{xx}(s)\mathrm{d}s \leqslant 2\|u_x\|_{L^2(0,1)} \|u_{xx}\|_{L^2(0,1)}$$

$$\leqslant \frac{1}{\delta}\|u_x\|_{L^2(0,1)}^2 + \delta \|u_{xx}\|_{L^2}^2 = \frac{M_1^2 + 2\|C(x)\|_{L^2(0,1)}^2}{\delta} . \tag{4.3.3}$$

同理可证

$$v_x^2(x) \leqslant \frac{M_2^2 + 2\|C(x)\|_{L^2(0,1)}^2}{\delta} . \tag{4.3.4}$$

设 (u_1,v_1)，$(u_2,v_2) \in H_0^2(0,1) \times H_0^2(0,1)$ 是问题（4.1.13）~（4.1.16）的两个弱解，用 $u_1 - u_2$ 分别作为

$$-\frac{\delta^2}{2}\left(u_{1xx} + \frac{u_{1x}^2}{2}\right)_{xx} + u_{1xx} = e^{u_1} - e^{v_1} - C(x) + j_0^2(e^{-2u_1}u_{1x})_x - \frac{j_0}{\tau_e}(e^{-u_1})_x$$

与

$$-\frac{\delta^2}{2}\left(u_{2xx} + \frac{u_{2x}^2}{2}\right)_{xx} + u_{2xx} = e^{u_2} - e^{v_2} - C(x) + j_0^2(e^{-2u_2}u_{2x})_x - \frac{j_0}{\tau_e}(e^{-u_2})_x$$

的试验函数并两式相减，得

$$\frac{\delta^2}{2}\int_0^1 (u_1-u_2)_{xx}^2\,\mathrm{d}x + \frac{\delta^2}{4}\int_0^1 (u_{1x}^2-u_{2x}^2)(u_1-u_2)_{xx}\,\mathrm{d}x + \int_0^1 (u_1-u_2)_x^2\,\mathrm{d}x$$

$$= -\int_0^1 \left(\mathrm{e}^{u_1}-\mathrm{e}^{v_1}-\mathrm{e}^{u_2}+\mathrm{e}^{v_2}\right)(u_1-u_2)\,\mathrm{d}x + j_0^2\int_0^1\left(\mathrm{e}^{-2u_1}u_{1x}-\mathrm{e}^{-2u_2}u_{2x}\right)(u_1-u_2)_x\,\mathrm{d}x -$$

$$\frac{j_0}{\tau_e}\int_0^1\left(\mathrm{e}^{-u_1}-\mathrm{e}^{-u_2}\right)(u_1-u_2)_x\,\mathrm{d}x. \tag{4.3.5}$$

由（4.3.3）式及 Young 不等式知，

$$\frac{\delta^2}{4}\int_0^1 (u_{1x}^2-u_{2x}^2)(u_1-u_2)_{xx}\,\mathrm{d}x = \frac{\delta^2}{4}\int_0^1 (u_{1x}+u_{2x})(u_1-u_2)_x(u_1-u_2)_{xx}\,\mathrm{d}x$$

$$\geqslant -\frac{\delta^{3/2}}{2}\sqrt{M_1^2+2\|C(x)\|_{L^2(0,1)}^2}\int_0^1 |(u_1-u_2)_x|\cdot|(u_1-u_2)_{xx}|\,\mathrm{d}x$$

$$\geqslant -\frac{\delta^2}{2}\int_0^1 (u_1-u_2)_{xx}^2\,\mathrm{d}x - \frac{\delta}{8}\left(M_1^2+2\|C(x)\|_{L^2(0,1)}^2\right)\int_0^1 (u_1-u_2)_x^2\,\mathrm{d}x \tag{4.3.6}$$

由函数 $f(x)=\mathrm{e}^x$ 的单调递增性知

$$\left(\mathrm{e}^{u_1}-\mathrm{e}^{u_2}\right)(u_1-u_2)\geqslant 0,$$

所以再由微分中值定理，$\|u\|_{L^\infty(0,1)}\leqslant M_1$，$\|v\|_{L^\infty(0,1)}\leqslant M_2$，Young 不等式及 Poincare 不等式，得

$$-\int_0^1\left(\mathrm{e}^{u_1}-\mathrm{e}^{v_1}-\mathrm{e}^{u_2}+\mathrm{e}^{v_2}\right)(u_1-u_2)\,\mathrm{d}x \leqslant \int_0^1\left(\mathrm{e}^{v_1}-\mathrm{e}^{v_2}\right)(u_1-u_2)\,\mathrm{d}x$$

$$= \int_0^1 \mathrm{e}^{v_1+\theta(v_2-v_1)}(v_1-v_2)(u_1-u_2)\,\mathrm{d}x$$

$$\leqslant \mathrm{e}^{M_2}\int_0^1 |u_1-u_2|\cdot|v_1-v_2|\,\mathrm{d}x$$

$$\leqslant \frac{1}{2}\mathrm{e}^{M_2}\left[\int_0^1 (u_1-u_2)^2\,\mathrm{d}x + \int_0^1 (v_1-v_2)^2\,\mathrm{d}x\right]$$

$$\leqslant \frac{1}{4}\mathrm{e}^{M_2}\left[\int_0^1 (u_1-u_2)_x^2\,\mathrm{d}x + \int_0^1 (v_1-v_2)_x^2\,\mathrm{d}x\right], \tag{4.3.7}$$

其中 $\theta\in(0,1)$. 由微分中值定理及 $\|u\|_{L^\infty(0,1)}\leqslant M_1$，$\|v\|_{L^\infty(0,1)}\leqslant M_2$，得

$$\left| e^{-2u_1} - e^{-2u_2} \right| = 2\left| e^{-2[u_1+\theta(u_2-u_1)]}(u_1-u_2) \right| \leqslant 2e^{2M_1}\left| u_1-u_2 \right|,$$

其中 $\theta \in (0,1)$，所以再由 $\|u\|_{L^\infty(0,1)} \leqslant M_1$，$\|v\|_{L^\infty(0,1)} \leqslant M_2$，（4.3.3）式，Holder 不等式及 Poincare 不等式知，

$$j_0^2 \int_0^1 \left(e^{-2u_1}u_{1x} - e^{-2u_2}u_{2x} \right)(u_1-u_2)_x \, dx$$

$$= j_0^2 \int_0^1 e^{-2u_1}(u_1-u_2)_x^2 \, dx + j_0^2 \int_0^1 \left(e^{-2u_1} - e^{-2u_2} \right)u_{2x}(u_1-u_2)_x \, dx$$

$$\leqslant j_0^2 e^{2M_1} \int_0^1 (u_1-u_2)_x^2 \, dx + \sqrt{2}\, j_0^2 e^{2M_1} \sqrt{\frac{M_1^2 + 2\|C(x)\|_{L^2(0,1)}^2}{\delta}} \int_0^1 (u_1-u_2)_x^2 \, dx.$$

$$(4.3.8)$$

由微分中值定理，$\|u\|_{L^\infty(0,1)} \leqslant M_1$，$\|v\|_{L^\infty(0,1)} \leqslant M_2$，Holder 不等式及 Poincare 不等式知，

$$-\frac{j_0}{\tau_e} \int_0^1 \left(e^{-u_1} - e^{-u_2} \right)(u_1-u_2)_x \, dx$$

$$= \frac{j_0}{\tau_e} \int_0^1 e^{-[u_1+\theta(u_2-u_1)]}(u_1-u_2)(u_1-u_2)_x \, dx$$

$$\leqslant \frac{|j_0|e^{M_1}}{\tau_e} \left[\int_0^1 (u_1-u_2)^2 \, dx \right]^{\frac{1}{2}} \cdot \left[\int_0^1 (u_1-u_2)_x^2 \, dx \right]^{\frac{1}{2}}$$

$$\leqslant \frac{|j_0|e^{M_1}}{\sqrt{2}\tau_e} \int_0^1 (u_1-u_2)_x^2 \, dx,$$

$$(4.3.9)$$

其中 $\theta \in (0,1)$.

由（4.3.5）～（4.3.9）式可得

$$\left[1 - j_0^2 e^{2M_1} - \frac{\delta}{8}\left(M_1^2 + 2\|C(x)\|_{L^2(0,1)}^2 \right) - \sqrt{2}\, j_0^2 e^{2M_1} \sqrt{\frac{M_1^2 + 2\|C(x)\|_{L^2(0,1)}^2}{\delta}} - \right.$$

$$\left[\frac{|j_0|\mathrm{e}^{M_1}}{\sqrt{2}\tau_e}-\frac{\mathrm{e}^{M_2}}{4}\right]\int_0^1(u_1-u_2)_x^2\,\mathrm{d}x\leqslant\frac{\mathrm{e}^{M_2}}{4}\int_0^1(v_1-v_2)_x^2\,\mathrm{d}x.\qquad(4.3.10)$$

同理，用 v_1-v_2 分别作为

$$-\frac{\delta^2}{2}\left(v_{1xx}+\frac{v_{1x}^2}{2}\right)_{xx}+v_{1xx}=-\mathrm{e}^{u_1}+\mathrm{e}^{v_1}+C(x)+j_1^2(\mathrm{e}^{-2v_1}v_{1x})_x-\frac{j_1}{\tau_i}(\mathrm{e}^{-v_1})_x$$

与

$$-\frac{\delta^2}{2}\left(v_{2xx}+\frac{v_{2x}^2}{2}\right)_{xx}+v_{2xx}=-\mathrm{e}^{u_2}+\mathrm{e}^{v_2}+C(x)+j_1^2(\mathrm{e}^{-2v_2}v_{2x})_x-\frac{j_1}{\tau_i}(\mathrm{e}^{-v_2})_x$$

的试验函数且两式相减，并进行类似以上估计可得

$$\left[1-j_1^2\mathrm{e}^{2M_2}-\frac{\delta}{8}\left(M_2^2+2\|C(x)\|_{L^2(0,1)}^2\right)-\sqrt{2}j_1^2\mathrm{e}^{2M_2}\sqrt{\frac{M_2^2+2\|C(x)\|_{L^2(0,1)}^2}{\delta}}-\right.$$

$$\left.\frac{|j_1|\mathrm{e}^{M_2}}{\sqrt{2}\tau_e}-\frac{\mathrm{e}^{M_1}}{4}\right]\int_0^1(v_1-v_2)_x^2\,\mathrm{d}x\leqslant\frac{\mathrm{e}^{M_1}}{4}\int_0^1(u_1-u_2)_x^2\,\mathrm{d}x.\qquad(4.3.11)$$

由（4.3.10）式与（4.3.11）式两边相加，得

$$\left[1-j_0^2\mathrm{e}^{2M_1}-\frac{\delta}{8}\left(M_1^2+2\|C(x)\|_{L^2(0,1)}^2\right)-\sqrt{2}j_0^2\mathrm{e}^{2M_1}\sqrt{\frac{M_1^2+2\|C(x)\|_{L^2(0,1)}^2}{\delta}}-\right.$$

$$\left.\frac{|j_0|\mathrm{e}^{M_1}}{\sqrt{2}\tau_e}-\frac{\mathrm{e}^{M_1}+\mathrm{e}^{M_2}}{4}\right]\int_0^1(u_1-u_2)_x^2\,\mathrm{d}x+$$

$$\left[1-j_1^2\mathrm{e}^{2M_2}-\frac{\delta}{8}\left(M_2^2+2\|C(x)\|_{L^2(0,1)}^2\right)-\sqrt{2}j_1^2\mathrm{e}^{2M_2}\sqrt{\frac{M_2^2+2\|C(x)\|_{L^2(0,1)}^2}{\delta}}-\right.$$

$$\left.\frac{|j_1|\mathrm{e}^{M_2}}{\sqrt{2}\tau_e}-\frac{\mathrm{e}^{M_1}+\mathrm{e}^{M_2}}{4}\right]\int_0^1(v_1-v_2)_x^2\,\mathrm{d}x\leqslant0,\qquad(4.3.12)$$

所以再由条件（4.1.22）式和（4.1.23）式知 $u_1=u_2$，$v_1=v_2$，定理 4.1.2 得证.

4.4 定理 4.1.3 的证明

为了证明定理 4.1.3，我们考虑（4.1.41），（4.1.42）式的截断问题：

$$-\left(\mu^2+\frac{\delta^2}{2}\right)\left(u_{xx}+\frac{u_x^2}{2}\right)_{xx}+\left(1+\frac{\mu}{\tau_e}\right)u_{xx}$$

$$= e^u - e^v - C(x) + j_{e0}^2(e^{-2u_{M_1}}u_x)_x - 2\mu j_{e0}(e^{-u_{M_1}}u_{xx})_x - \frac{j_{e0}}{\tau_e}(e^{-u})_x , \qquad （4.4.1）$$

$$-\left(\mu^2+\frac{\delta^2}{2}\right)\left(v_{xx}+\frac{v_x^2}{2}\right)_{xx}+\left(1+\frac{\mu}{\tau_e}\right)v_{xx}$$

$$= -e^u + e^v + C(x) + j_{i0}^2(e^{-2v_{M_2}}v_x)_x - 2\mu j_{i0}(e^{-v_{M_2}}v_{xx})_x - \frac{j_{i0}}{\tau_i}(e^{-v})_x , \qquad （4.4.2）$$

其中 M_1，M_2 如（4.1.49），（4.1.50）式所定义，

$$u_{M_1} = \min\{M_1, \max\{-M_1, u\}\} , \quad v_{M_2} = \min\{M_2, \max\{-M_2, v\}\} .$$

我们有如下引理：

引理 4.4.1 设定理 4.1.3 中的条件成立，$(u,v) \in H_0^2(0,1) \times H_0^2(0,1)$ 是问题（4.4.1），（4.4.2），（4.1.43），（4.1.44）的一个弱解，则

$$\frac{\delta^2}{2}\|u_{xx}\|_{L^2(0,1)}^2 + \frac{\delta^2}{2}\|v_{xx}\|_{L^2(0,1)}^2 + \left(\frac{1}{2}+\frac{\mu}{\tau_e}-2j_{e0}^2 e^{2M_1}\right)\|u_x\|_{L^2(0,1)}^2 +$$

$$\left(\frac{1}{2}+\frac{\mu}{\tau_i}-2j_{i0}^2 e^{2M_2}\right)\|v_x\|_{L^2(0,1)}^2 \leqslant \|C(x)\|_{L^2(0,1)}^2 , \qquad （4.4.3）$$

且 $\|u\|_{L^\infty(0,1)} \leqslant M_1$，$\|v\|_{L^\infty(0,1)} \leqslant M_2$.

证明：用 $\psi = u$ 作为（4.4.1）式的试验函数，得

$$\left(\mu^2+\frac{\delta^2}{2}\right)\int_0^1\left(u_{xx}^2+\frac{1}{2}u_x^2 u_{xx}\right)\mathrm{d}x + \left(1+\frac{\mu}{\tau_e}\right)\int_0^1 u_x^2 \mathrm{d}x$$

$$= -\int_0^1(e^u-e^v-C(x))u\mathrm{d}x - 2\mu j_{e0}\int_0^1 e^{-u_{M_1}}u_{xx}u_x\mathrm{d}x +$$

$$j_{e0}^2 \int_0^1 e^{-2u_{M_1}} u_x^2 dx - \frac{j_{e0}}{\tau_e} \int_0^1 e^{-u} u_x dx . \tag{4.4.4}$$

由边界条件（4.1.43）知，

$$\int_0^1 u_x^2 u_{xx} dx = \frac{1}{3} \int_0^1 (u_x^3)_x dx = \frac{1}{3}(u_x^3(1) - u_x^3(0)) = 0 , \tag{4.4.5}$$

$$\int_0^1 e^{-u} u_x dx = -\int_0^1 (e^{-u})_x dx = e^{-u(0)} - e^{-u(1)} = 0 . \tag{4.4.6}$$

由 Young 不等式，得

$$-2\mu j_{e0} \int_0^1 e^{-u_{M_1}} u_{xx} u_x dx \leqslant 2\mu |j_{e0}| e^{M_1} \int_0^1 |u_{xx}| \cdot |u_x| dx$$

$$\leqslant \mu^2 \int_0^1 u_{xx}^2 dx + j_{e0}^2 e^{2M_1} \int_0^1 u_x^2 dx . \tag{4.4.7}$$

而

$$j_{e0}^2 \int_0^1 e^{-2u_{M_1}} u_x^2 dx \leqslant j_{e0}^2 e^{2M_1} \int_0^1 u_x^2 dx , \tag{4.4.8}$$

所以由（4.4.4）~（4.4.8）式，得

$$\frac{\delta^2}{2} \int_0^1 u_{xx}^2 dx + \left(1 + \frac{\mu}{\tau_e} - 2j_{e0}^2 e^{2M_1}\right) \int_0^1 u_x^2 dx \leqslant -\int_0^1 (e^u - e^v - C(x)) u dx . \tag{4.4.9}$$

同理，用 $\psi = v$ 作为（4.4.2）式的试验函数，并进行如上估计可得

$$\frac{\delta^2}{2} \int_0^1 v_{xx}^2 dx + \left(1 + \frac{\mu}{\tau_i} - 2j_{i0}^2 e^{2M_2}\right) \int_0^1 v_x^2 dx \leqslant \int_0^1 (e^u - e^v - C(x)) v dx . \tag{4.4.10}$$

由（4.4.9）与（4.4.10）式两边分别相加，并利用 Young 不等式和 Poincare 不等式，得

$$\frac{\delta^2}{2} \int_0^1 u_{xx}^2 dx + \frac{\delta^2}{2} \int_0^1 v_{xx}^2 dx + \left(1 + \frac{\mu}{\tau_e} - 2j_{e0}^2 e^{2M_1}\right)$$

$$\int_0^1 u_x^2 dx + \left(1 + \frac{\mu}{\tau_i} - 2j_{i0}^2 e^{2M_2}\right) \int_0^1 v_x^2 dx$$

$$\leqslant -\int_0^1 (e^u - e^v)(u - v) dx + \int_0^1 C(x)(u - v) dx$$

$$\le \int_0^1 C(x)(u-v)\mathrm{d}x$$

$$\le \frac{1}{2}\int_0^1 u^2\mathrm{d}x + \frac{1}{2}\int_0^1 v^2\mathrm{d}x + \int_0^1 C(x)^2\,\mathrm{d}x$$

$$\le \frac{1}{2}\int_0^1 u_x^2\mathrm{d}x + \frac{1}{2}\int_0^1 v_x^2\mathrm{d}x + \int_0^1 C(x)^2\,\mathrm{d}x, \tag{4.4.11}$$

由此可知（4.4.3）式成立. 由 Poincare-Sobolev 不等式及（4.4.3）式，得

$$\|u\|_{L^\infty(0,1)} \le \|u_x\|_{L^2(0,1)} \le \frac{\|C(x)\|_{L^2(0,1)}}{\sqrt{\dfrac{1}{2}+\dfrac{\mu}{\tau_e}-2j_{e0}^2\mathrm{e}^{2M_1}}},$$

$$\|v\|_{L^\infty(0,1)} \le \|v_x\|_{L^2(0,1)} \le \frac{\|C(x)\|_{L^2(0,1)}}{\sqrt{\dfrac{1}{2}+\dfrac{\mu}{\tau_i}-2j_{i0}^2\mathrm{e}^{2M_2}}}.$$

令 M_1，M_2 分别为（4.1.49）和（4.1.50）式的解，则 $\|u\|_{L^\infty(0,1)} \le M_1$，$\|v\|_{L^\infty(0,1)} \le M_2$. 引理 4.4.1 得证.

定理 4.1.3 的证明：对于给定 $(\rho,\eta) \in W_0^{1,4}(0,1) \times W_0^{1,4}(0,1)$ 及试验函数 $\psi \in H_0^2(0,1)$，考虑如下线性问题：

$$\left(\mu^2+\frac{\delta^2}{2}\right)\int_0^1 u_{xx}\psi_{xx}\mathrm{d}x + \sigma\left(\frac{\mu^2}{2}+\frac{\delta^2}{4}\right)\int_0^1 \rho_x^2\psi_{xx}\mathrm{d}x + \left(1+\frac{\mu}{\tau_e}\right)\int_0^1 u_x\psi_x\mathrm{d}x$$

$$= -\sigma\int_0^1 (\mathrm{e}^\rho-\mathrm{e}^\eta-C(x))\psi\mathrm{d}x - \sigma j_{e0}^2\int_0^1 \mathrm{e}^{-2\rho}\rho_x\psi_x\mathrm{d}x +$$

$$2\sigma\mu j_{e0}\int_0^1 (\mathrm{e}^{-\rho}\psi_x)_x\rho_x\mathrm{d}x - \frac{\sigma j_{e0}}{\tau_e}\int_0^1 \mathrm{e}^{-\rho}\psi_x\mathrm{d}x, \tag{4.4.12}$$

$$\left(\mu^2+\frac{\delta^2}{2}\right)\int_0^1 v_{xx}\psi_{xx}\mathrm{d}x + \sigma\left(\frac{\mu^2}{2}+\frac{\delta^2}{4}\right)\int_0^1 \eta_x^2\psi_{xx}\mathrm{d}x + \left(1+\frac{\mu}{\tau_i}\right)\int_0^1 v_x\psi_x\mathrm{d}x$$

$$= \sigma\int_0^1 (\mathrm{e}^\rho-\mathrm{e}^\eta-C(x))\psi\mathrm{d}x - \sigma j_{i0}^2\int_0^1 \mathrm{e}^{-2\eta}\eta_x\psi_x\mathrm{d}x +$$

$$2\sigma\mu j_{i0}\int_0^1 (\mathrm{e}^{-\eta}\psi_x)_x\eta_x\mathrm{d}x - \frac{\sigma j_{i0}}{\tau_i}\int_0^1 \mathrm{e}^{-\eta}\psi_x\mathrm{d}x, \tag{4.4.13}$$

这里 $\sigma \in [0,1]$. 定义双线性形式

$$a(u,\psi) = \left(\mu^2 + \frac{\delta^2}{2} \right) \int_0^1 u_{xx} \psi_{xx} \mathrm{d}x + \left(1 + \frac{\mu}{\tau_e} \right) \int_0^1 u_x \psi_x \mathrm{d}x \qquad (4.4.14)$$

和线性泛函

$$F(\psi) = \sigma \left(\frac{\mu^2}{2} + \frac{\delta^2}{4} \right) \int_0^1 \rho_x^2 \psi_{xx} \mathrm{d}x - \sigma j_{e0}^2 \int_0^1 \mathrm{e}^{-2\rho} \rho_x \psi_x \mathrm{d}x -$$

$$\sigma \int_0^1 (\mathrm{e}^{\rho} - \mathrm{e}^{\eta} - C(x)) \psi \mathrm{d}x +$$

$$2\sigma \mu j_{e0} \int_0^1 (\mathrm{e}^{-\rho} \psi_x)_x \rho_x \mathrm{d}x - \frac{\sigma j_{e0}}{\tau_e} \int_0^1 \mathrm{e}^{-\rho} \psi_x \mathrm{d}x. \qquad (4.4.15)$$

因为双线性形式 $a(u,\psi)$ 在 $H_0^2(0,1) \times H_0^2(0,1)$ 上是连续且强制的，且线性泛函 $F(\psi)$ 在 $H_0^2(0,1)$ 上连续，所以由 Lax-Milgram 定理知问题（4.4.12）存在解 $u \in H_0^2(0,1)$. 同理，问题（4.4.13）也存在解 $v \in H_0^2(0,1)$. 从而算子

$$S : W_0^{1,4}(0,1) \times W_0^{1,4}(0,1) \times [0,1] \to W_0^{1,4}(0,1) \times W_0^{1,4}(0,1), \quad (\rho,\eta,\sigma) \mapsto (u,v)$$

是有定义的。此外，因为 $H_0^2(0,1) \subset W_0^{1,4}(0,1)$ 是紧嵌入，所以 S 是连续且紧的。另外，$S(\rho,\eta,0) = (0,0)$. 与引理 4.4.1 的证明类似，我们可以证明对所有满足 $S(\rho,\eta,\sigma) = (u,v)$ 的 $(u,v,\sigma) \in W_0^{1,4}(0,1) \times W_0^{1,4}(0,1) \times [0,1]$ 都有 $\|u\|_{H_0^2(0,1)} \leqslant C$，$\|v\|_{H_0^2(0,1)} \leqslant C$，这里 C 为常数. 从而由 Leray-Schauder 不动点定理知 $S(u,v,1) = (u,v)$ 存在不动点 $(u,v) \in H_0^2(0,1) \times H_0^2(0,1)$. 此不动点就是问题（4.4.1），（4.4.2），（4.1.43），（4.1.44）的一个解，事实上它也是问题（4.1.41）~（4.1.44）的一个解，这是因为 $\|u\|_{L^\infty(0,1)} \leqslant M_1$，$\|v\|_{L^\infty(0,1)} \leqslant M_2$. 定理 4.1.3 得证.

4.5　定理 4.1.4 的证明

由引理 4.4.1 知

$$\|u_x\|_{L^2(0,1)}^2 \leqslant \frac{\|C(x)\|_{L^2(0,1)}^2}{\frac{1}{2} + \frac{\mu}{\tau_e} - 2 j_{e0}^2 \mathrm{e}^{2M_1}} = M_1^2, \qquad (4.5.1)$$

$$\|u_{xx}\|^2_{L^2(0,1)} \leqslant \frac{2\|C(x)\|^2_{L^2(0,1)}}{\delta^2}, \tag{4.5.2}$$

这里（4.5.1）式中用到了 M_1 的定义（见（4.1.49）式），从而再由边界条件（4.1.43）式，Holder 不等式及 Young 不等式知，

$$u_x^2(x) = \int_0^x (u_x^2(s))_x \, ds = 2\int_0^x u_x(s)u_{xx}(s) ds \leqslant 2\|u_x\|_{L^2(0,1)}\|u_{xx}\|_{L^2(0,1)}$$

$$\leqslant \frac{1}{\delta}\|u_x\|^2_{L^2(0,1)} + \delta\|u_{xx}\|^2_{L^2(0,1)} \leqslant \frac{M_1^2 + 2\|C(x)\|^2_{L^2(0,1)}}{\delta}. \tag{4.5.3}$$

同理可证

$$v_x^2(x) \leqslant \frac{M_2^2 + 2\|C(x)\|^2_{L^2(0,1)}}{\delta}. \tag{4.5.4}$$

设 (u_1, v_1)，$(u_2, v_2) \in H_0^2(0,1) \times H_0^2(0,1)$ 是问题（4.1.41）~（4.1.44）的两个弱解，用 $u_1 - u_2$ 分别作为

$$-\left(\mu^2 + \frac{\delta^2}{2}\right)\left(u_{1xx} + \frac{u_{1x}^2}{2}\right)_{xx} + \left(1 + \frac{\mu}{\tau_e}\right)u_{1xx}$$

$$= e^{u_1} - e^{v_1} - C(x) + j_{e0}^2(e^{-2u_1}u_{1x})_x - 2\mu j_{e0}(e^{-u_1}u_{1xx})_x - \frac{j_{e0}}{\tau_e}(e^{-u_1})_x$$

与

$$-\left(\mu^2 + \frac{\delta^2}{2}\right)\left(u_{2xx} + \frac{u_{2x}^2}{2}\right)_{xx} + \left(1 + \frac{\mu}{\tau_e}\right)u_{2xx}$$

$$= e^{u_2} - e^{v_2} - C(x) + j_{e0}^2(e^{-2u_2}u_{2x})_x - 2\mu j_{e0}(e^{-u_2}u_{2xx})_x - \frac{j_{e0}}{\tau_e}(e^{-u_2})_x$$

的试验函数并两式相减，得

$$\left(\mu^2 + \frac{\delta^2}{2}\right)\int_0^1 (u_1 - u_2)_{xx}^2 \, dx + \frac{1}{2}\left(\mu^2 + \frac{\delta^2}{2}\right)\int_0^1 (u_{1x}^2 - u_{2x}^2)(u_1 - u_2)_{xx} \, dx$$

$$+ \left(1 + \frac{\mu}{\tau_e}\right)\int_0^1 (u_1 - u_2)_x^2 \, dx$$

$$= -\int_0^1 (e^{u_1} - e^{v_1} - e^{u_2} + e^{v_2})(u_1 - u_2) \, dx + j_{e0}^2 \int_0^1 \left(e^{-2u_1}u_{1x} - e^{-2u_2}u_{2x}\right)(u_1 - u_2)_x \, dx -$$

$$2\mu j_{e0}\int_0^1\left(e^{-u_1}u_{1xx}-e^{-u_2}u_{2xx}\right)(u_1-u_2)_x\,dx-\frac{j_{e0}}{\tau_e}\int_0^1\left(e^{-u_1}-e^{-u_2}\right)(u_1-u_2)_x\,dx.$$

$$(4.5.5)$$

由（4.5.3）式及 Young 不等式知，

$$\frac{1}{2}\left(\mu^2+\frac{\delta^2}{2}\right)\int_0^1(u_{1x}^2-u_{2x}^2)(u_1-u_2)_{xx}\,dx$$

$$=\frac{1}{2}\left(\mu^2+\frac{\delta^2}{2}\right)\int_0^1(u_{1x}+u_{2x})(u_1-u_2)_x(u_1-u_2)_{xx}\,dx$$

$$\geqslant-\left(\mu^2+\frac{\delta^2}{2}\right)\sqrt{\frac{M_1^2+2\|C(x)\|_{L^2(0,1)}^2}{\delta}}\int_0^1|(u_1-u_2)_x|\cdot|(u_1-u_2)_{xx}|\,dx$$

$$\geqslant-\frac{\delta^2}{4}\int_0^1(u_1-u_2)_{xx}^2\,dx-\left(\mu^2+\frac{\delta^2}{2}\right)^2\frac{M_1^2+2\|C(x)\|_{L^2(0,1)}^2}{\delta^3}\int_0^1(u_1-u_2)_x^2\,dx.\ (4.5.6)$$

由函数 $f(x)=e^x$ 的单调递增性知

$$\left(e^{u_1}-e^{u_2}\right)(u_1-u_2)\geqslant0,$$

所以再由微分中值定理，$\|u\|_{L^\infty(0,1)}\leqslant M_1$，$\|v\|_{L^\infty(0,1)}\leqslant M_2$，Young 不等式及 Poincare 不等式，得

$$-\int_0^1\left(e^{u_1}-e^{v_1}-e^{u_2}+e^{v_2}\right)(u_1-u_2)\,dx\leqslant\int_0^1\left(e^{v_1}-e^{v_2}\right)(u_1-u_2)\,dx$$

$$=\int_0^1 e^{v_1+\theta(v_2-v_1)}(v_1-v_2)(u_1-u_2)\,dx\leqslant e^{M_2}\int_0^1|u_1-u_2|\cdot|v_1-v_2|\,dx$$

$$\leqslant\frac{1}{2}e^{M_2}\left[\int_0^1(u_1-u_2)^2\,dx+\int_0^1(v_1-v_2)^2\,dx\right]$$

$$\leqslant\frac{1}{4}e^{M_2}\left[\int_0^1(u_1-u_2)_x^2\,dx+\int_0^1(v_1-v_2)_x^2\,dx\right],$$

$$(4.5.7)$$

其中 $\theta\in(0,1)$. 由微分中值定理及 $\|u\|_{L^\infty(0,1)}\leqslant M_1$，$\|v\|_{L^\infty(0,1)}\leqslant M_2$，得

$$\left|e^{-2u_1}-e^{-2u_2}\right|=2\left|e^{-2[u_1+\theta(u_2-u_1)]}(u_1-u_2)\right|\leqslant2e^{2M_1}|u_1-u_2|,$$

其中 $\theta \in (0,1)$，所以再由 $\|u\|_{L^{\infty}(0,1)} \leqslant M_1$，$\|v\|_{L^{\infty}(0,1)} \leqslant M_2$，（4.5.3）式，Holder 不等式及 Poincare 不等式知，

$$j_{e0}^2 \int_0^1 \left(e^{-2u_1}u_{1x} - e^{-2u_2}u_{2x}\right)(u_1-u_2)_x \mathrm{d}x$$

$$= j_{e0}^2 \int_0^1 e^{-2u_1}(u_1-u_2)_x^2 \mathrm{d}x + j_{e0}^2 \int_0^1 \left(e^{-2u_1} - e^{-2u_2}\right)u_{2x}(u_1-u_2)_x \mathrm{d}x$$

$$\leqslant j_{e0}^2 e^{2M_1} \int_0^1 (u_1-u_2)_x^2 \mathrm{d}x + \sqrt{2}\, j_{e0}^2 e^{2M_1} \sqrt{\frac{M_1^2 + 2\|C(x)\|_{L^2(0,1)}^2}{\delta}} \int_0^1 (u_1-u_2)_x^2 \mathrm{d}x \,. \quad (4.5.8)$$

下面来估计（4.5.5）式的右边第三项：

$$-2\mu j_{e0} \int_0^1 \left(e^{-u_1}u_{1xx} - e^{-u_2}u_{2xx}\right)(u_1-u_2)_x \mathrm{d}x$$

$$= -2\mu j_{e0} \int_0^1 e^{-u_1}(u_1-u_2)_{xx}(u_1-u_2)_x \mathrm{d}x$$

$$-2\mu j_{e0} \int_0^1 \left(e^{-u_1} - e^{-u_2}\right)u_{2xx}(u_1-u_2)_x \mathrm{d}x = I_1 + I_2 \,. \quad (4.5.9)$$

由 $\|u\|_{L^{\infty}(0,1)} \leqslant M_1$，$\|v\|_{L^{\infty}(0,1)} \leqslant M_2$ 及 Young 不等式知，

$$I_1 \leqslant 2\mu |j_{e0}| e^{M_1} \int_0^1 \left|(u_1-u_2)_{xx}\right| \cdot \left|(u_1-u_2)_x\right| \mathrm{d}x$$

$$\leqslant \mu^2 \int_0^1 (u_1-u_2)_{xx}^2 \mathrm{d}x + j_{e0}^2 e^{2M_1} \int_0^1 (u_1-u_2)_x^2 \mathrm{d}x \,. \quad (4.5.10)$$

由分部积分，得

$$I_2 = -2\mu j_{e0} \int_0^1 \left(e^{-u_1}u_{1x} - e^{-u_2}u_{2x}\right)u_{2x}(u_1-u_2)_x \mathrm{d}x +$$

$$2\mu j_{e0} \int_0^1 \left(e^{-u_1} - e^{-u_2}\right)u_{2x}(u_1-u_2)_{xx} \mathrm{d}x$$

$$= -2\mu j_{e0} \int_0^1 e^{-u_1}u_{2x}(u_1-u_2)_x^2 \mathrm{d}x - 2\mu j_{e0} \int_0^1 \left(e^{-u_1} - e^{-u_2}\right)u_{2x}^2(u_1-u_2)_x \mathrm{d}x +$$

$$2\mu j_{e0} \int_0^1 \left(e^{-u_1} - e^{-u_2}\right)u_{2x}(u_1-u_2)_{xx} \mathrm{d}x = J_1 + J_2 + J_3 \,. \quad (4.5.11)$$

由 $\|u\|_{L^\infty(0,1)} \leqslant M_1$，$\|v\|_{L^\infty(0,1)} \leqslant M_2$ 及（4.5.3）式知，

$$J_1 \leqslant 2\mu |j_{e0}| e^{M_1} \sqrt{\frac{M_1^2 + 2\|C(x)\|_{L^2(0,1)}^2}{\delta}} \int_0^1 (u_1 - u_2)_x^2 \mathrm{d}x \qquad (4.5.12)$$

由微分中值定理，$\|u\|_{L^\infty(0,1)} \leqslant M_1$，$\|v\|_{L^\infty(0,1)} \leqslant M_2$，（4.5.3）式，Holder 不等式及 Poincare 不等式知，

$$J_2 = 2\mu j_{e0} \int_0^1 e^{-[u_1 + \theta(u_2 - u_1)]} (u_1 - u_2) u_{2x}^2 (u_1 - u_2)_x \mathrm{d}x$$

$$\leqslant \sqrt{2}\mu |j_{e0}| e^{M_1} \frac{M_1^2 + 2\|C(x)\|_{L^2(0,1)}^2}{\delta} \int_0^1 (u_1 - u_2)_x^2 \mathrm{d}x, \qquad (4.5.13)$$

其中 $\theta \in (0,1)$。由微分中值定理，$\|u\|_{L^\infty(0,1)} \leqslant M_1$，$\|v\|_{L^\infty(0,1)} \leqslant M_2$，（4.5.3）式，Young 不等式及 Poincare 不等式，得

$$J_3 = -2\mu j_{e0} \int_0^1 e^{-[u_1 + \theta(u_2 - u_1)]} (u_1 - u_2) u_{2x} (u_1 - u_2)_{xx} \mathrm{d}x$$

$$\leqslant 2\mu |j_{e0}| e^{M_1} \sqrt{\frac{M_1^2 + 2\|C(x)\|_{L^2(0,1)}^2}{\delta}} \int_0^1 |u_1 - u_2| \cdot |(u_1 - u_2)_{xx}| \mathrm{d}x$$

$$\leqslant \frac{\delta^2}{4} \int_0^1 (u_1 - u_2)_{xx}^2 \mathrm{d}x + \frac{4}{\delta^2} \mu^2 j_{e0}^2 e^{2M_1} \frac{M_1^2 + 2\|C(x)\|_{L^2(0,1)}^2}{\delta} \int_0^1 (u_1 - u_2)^2 \mathrm{d}x$$

$$\leqslant \frac{\delta^2}{4} \int_0^1 (u_1 - u_2)_{xx}^2 \mathrm{d}x + \frac{2}{\delta^3} \mu^2 j_{e0}^2 e^{2M_1} \left(M_1^2 + 2\|C(x)\|_{L^2(0,1)}^2 \right) \int_0^1 (u_1 - u_2)_x^2 \mathrm{d}x,$$

$$(4.5.14)$$

其中 $\theta \in (0,1)$. 由（4.5.9）~（4.5.14）式知，

$$-2\mu j_{e0} \int_0^1 \left(e^{-u_1} u_{1xx} - e^{-u_2} u_{2xx} \right) (u_1 - u_2)_x \mathrm{d}x$$

$$\leqslant \left(\mu^2 + \frac{\delta^2}{4} \right) \int_0^1 (u_1 - u_2)_{xx}^2 \mathrm{d}x + \left[j_{e0}^2 e^{2M_1} + \right.$$

$$2\mu |j_{e0}| e^{M_1} \sqrt{\frac{M_1^2 + 2\|C(x)\|_{L^2(0,1)}^2}{\delta}} + \frac{1}{\delta^3} \left(\sqrt{2}\delta^2 \mu |j_{e0}| e^{M_1} + 2\mu^2 j_{e0}^2 e^{2M_1} \right)$$

$$\left(M_1^2 + 2\|C(x)\|_{L^2(0,1)}^2\right)\right]\int_0^1 (u_1-u_2)_x^2 \, dx . \tag{4.5.15}$$

由微分中值定理，$\|u\|_{L^\infty(0,1)} \leqslant M_1$，$\|v\|_{L^\infty(0,1)} \leqslant M_2$，Holder 不等式及 Poincare 不等式可得 （4.5.5）式右边最后一项的估计：

$$-\frac{j_{e0}}{\tau_e}\int_0^1 \left(e^{-u_1}-e^{-u_2}\right)(u_1-u_2)_x \, dx = \frac{j_{e0}}{\tau_e}\int_0^1 e^{-[u_1+\theta(u_2-u_1)]}(u_1-u_2)(u_1-u_2)_x \, dx$$

$$\leqslant \frac{|j_{e0}|e^{M_1}}{\tau_e}\left[\int_0^1 (u_1-u_2)^2 \, dx\right]^{\frac{1}{2}} \cdot \left[\int_0^1 (u_1-u_2)_x^2 \, dx\right]^{\frac{1}{2}}$$

$$\leqslant \frac{|j_{e0}|e^{M_1}}{\sqrt{2}\tau_e}\int_0^1 (u_1-u_2)_x^2 \, dx , \tag{4.5.16}$$

其中 $\theta \in (0,1)$．

由（4.5.5）～（4.5.8）式，（4.5.15）式及（4.5.16）式可得

$$\left\{1+\frac{\mu}{\tau_e}-\frac{1}{\delta^3}\left[\left(\mu^2+\frac{\delta^2}{2}\right)^2+\sqrt{2}\delta^2\mu|j_{e0}|e^{M_1}+2\mu^2 j_{e0}^2 e^{2M_1}\right]\right.$$

$$\left(M_1^2+2\|C(x)\|_{L^2(0,1)}^2\right)-\left(2\mu|j_{e0}|e^{M_1}+\sqrt{2}j_{e0}^2 e^{2M_1}\right)\sqrt{\frac{M_1^2+2\|C(x)\|_{L^2(0,1)}^2}{\delta}}-$$

$$\left.2j_{e0}^2 e^{2M_1}-\frac{|j_{e0}|e^{M_1}}{\sqrt{2}\tau_e}-\frac{e^{M_2}}{4}\right\}\int_0^1 (u_1-u_2)_x^2 \, dx$$

$$\leqslant \frac{e^{M_2}}{4}\int_0^1 (v_1-v_2)_x^2 \, dx . \tag{4.5.17}$$

同理，用 v_1-v_2 分别作为

$$-\left(\mu^2+\frac{\delta^2}{2}\right)\left(v_{1xx}+\frac{v_{1x}^2}{2}\right)_{xx}+\left(1+\frac{\mu}{\tau_i}\right)v_{1xx}$$

$$=-e^{u_1}+e^{v_1}+C(x)+j_{i0}^2(e^{-2v_1}v_{1x})_x-2\mu j_{i0}(e^{-v_1}v_{1xx})_x-\frac{j_{i0}}{\tau_i}(e^{-v_1})_x$$

与

$$-\left(\mu^2+\frac{\delta^2}{2}\right)\left(v_{2xx}+\frac{v_{2x}^2}{2}\right)_{xx}+\left(1+\frac{\mu}{\tau_i}\right)v_{2xx}$$

$$=-\mathrm{e}^{u_2}+\mathrm{e}^{v_2}+C(x)+j_{i0}^2(\mathrm{e}^{-2v_2}v_{2x})_x-2\mu j_{i0}(\mathrm{e}^{-v_2}v_{2xx})_x-\frac{j_{i0}}{\tau_i}(\mathrm{e}^{-v_2})_x$$

的试验函数且两式相减，并进行类似以上估计可得

$$\left\{1+\frac{\mu}{\tau_i}-\frac{1}{\delta^3}\left[\left(\mu^2+\frac{\delta^2}{2}\right)^2+\sqrt{2}\delta^2\mu\,|\,j_{i0}\,|\,\mathrm{e}^{M_2}+2\mu^2 j_{i0}^2\mathrm{e}^{2M_2}\right]\right.$$

$$\left(M_2^2+2\|C(x)\|_{L^2(0,1)}^2\right)-\left(2\mu\,|\,j_{i0}\,|\,\mathrm{e}^{M_2}+\sqrt{2}j_{i0}^2\mathrm{e}^{2M_2}\right)\sqrt{\frac{M_2^2+2\|C(x)\|_{L^2(0,1)}^2}{\delta}}-$$

$$\left.2j_{i0}^2\mathrm{e}^{2M_2}-\frac{|\,j_{i0}\,|\,\mathrm{e}^{M_2}}{\sqrt{2}\tau_i}-\frac{\mathrm{e}^{M_1}}{4}\right\}\int_0^1(v_1-v_2)_x^2\mathrm{d}x$$

$$\leqslant\frac{\mathrm{e}^{M_1}}{4}\int_0^1(u_1-u_2)_x^2\mathrm{d}x.\tag{4.5.18}$$

由（4.5.17）式与（4.5.18）式两边相加，得

$$\left\{1+\frac{\mu}{\tau_e}-\frac{1}{\delta^3}\left[\left(\mu^2+\frac{\delta^2}{2}\right)^2+\sqrt{2}\delta^2\mu\,|\,j_{e0}\,|\,\mathrm{e}^{M_1}+2\mu^2 j_{e0}^2\mathrm{e}^{2M_1}\right]\right.$$

$$\left(M_1^2+2\|C(x)\|_{L^2(0,1)}^2\right)-\left(2\mu\,|\,j_{e0}\,|\,\mathrm{e}^{M_1}+\sqrt{2}j_{e0}^2\mathrm{e}^{2M_1}\right)\sqrt{\frac{M_1^2+2\|C(x)\|_{L^2(0,1)}^2}{\delta}}$$

$$\left.-2j_{e0}^2\mathrm{e}^{2M_1}-\frac{|\,j_{e0}\,|\,\mathrm{e}^{M_1}}{\sqrt{2}\tau_e}-\frac{\mathrm{e}^{M_1}+\mathrm{e}^{M_2}}{4}\right\}\int_0^1(u_1-u_2)_x^2\mathrm{d}x+$$

$$\left\{1+\frac{\mu}{\tau_i}-\frac{1}{\delta^3}\left[\left(\mu^2+\frac{\delta^2}{2}\right)^2+\sqrt{2}\delta^2\mu\,|\,j_{i0}\,|\,\mathrm{e}^{M_2}+2\mu^2 j_{i0}^2\mathrm{e}^{2M_2}\right]\right.$$

$$\left(M_2^2 + 2\|C(x)\|_{L^2(0,1)}^2\right) - \left(2\mu|j_{i0}|e^{M_2} + \sqrt{2}j_{i0}^2e^{2M_2}\right)\sqrt{\frac{M_2^2 + 2\|C(x)\|_{L^2(0,1)}^2}{\delta}}$$

$$\left. -2j_{i0}^2 e^{2M_2} - \frac{|j_{i0}|e^{M_2}}{\sqrt{2}\tau_i} - \frac{e^{M_1} + e^{M_2}}{4}\right\} \int_0^1 (v_1 - v_2)_x^2 \mathrm{d}x \leqslant 0 , \qquad (4.5.19)$$

所以再由条件（4.1.51）式和（4.1.52）式知 $u_1 = u_2$ ， $v_1 = v_2$ ，定理 4.1.4 得证.

第五章　经典的能量输运模型

5.1　引　言

本章我们研究一种简化的经典能量输运模型[50]：

$$\rho_t - \text{div}(\nabla(\rho\theta) + \rho\nabla\varphi) = 0 , \tag{5.1.1}$$

$$\text{div}(k(\rho)\nabla\theta) = \frac{\rho}{\tau}(\theta - \theta_L(x)) , \tag{5.1.2}$$

$$-\lambda^2\Delta\phi = \rho - D(x) , \ x \in \Omega , \ t > 0 , \tag{5.1.3}$$

其中电子密度 ρ，电子温度 θ 和电位势 ϕ 是未知量；$k(\rho)$，$\theta_L(x)$，$D(x)$ 分别表示热导率，晶格温度和掺杂密度；能量弛豫时间 $\tau > 0$ 和德拜长度 $\lambda > 0$ 是标度的物理参数。模型（5.1.1）～（5.1.3）可由非等温流体动力学方程组取消失的动量弛豫极限推导出[50]。在物理模型中，尽管经常假定热导率 $k(\rho)$ 依赖于温度 θ（文献[51，52]中取函数 $k(\rho) = \rho\theta$），但在物理中也有时取热导率仅依赖于 ρ。例如，文献[53]在研究半导体流体动力学模型杂散的速度过冲时公式（2.16）意味着取 $k(\rho) = \rho$（也见量子能量输运模型[18-20]）。文献[50]假定了 $k(\rho)$ 是严格正的或者 $k(\rho) = \rho$，在混合 Dirichlet-Neumann 边界条件下得到了模型（5.1.1）～（5.1.3）有界弱解的整体存在性。

本章首先在一维区域（0，1）上研究（5.1.1）～（5.1.3）的稳态模型. 为了简单，取 $k(\rho) = \rho$，并设 $\tau = \lambda = 1$. 更精确地，研究如下边值问题（注意 $((\rho\theta)_x + \rho\phi_x)_x = 0$ 意味着 $(\rho\theta)_x + \rho\phi_x =$ 常数，$x \in (0,1)$.）：

$$(\rho\theta)_x + \rho\phi_x = j_0 , \tag{5.1.4}$$

$$(\rho\theta_x)_x = \rho(\theta - \theta_L(x)) , \tag{5.1.5}$$

$$-\phi_{xx} = \rho - D(x) , \quad x \in (0,1) , \tag{5.1.6}$$

$$\rho(0) = \rho_l > 0 , \ \rho(1) = \rho_r > 0 , \tag{5.1.7}$$

$$\theta(0) = \theta_l > 0 , \quad \theta(1) = \theta_r > 0 , \tag{5.1.8}$$

$$\phi(0) = \phi_l , \tag{5.1.9}$$

其中常数 $j_0 > 0$ 表示电流密度，$D(x)$，$\theta_L(x) \in B^0([0,1])$，对于 $x \in [0,1]$，有 $0 < \theta_m \leqslant \theta_L(x) \leqslant \theta_M$，$0 < D_m \leqslant D(x) \leqslant D_M$. 如果 $\rho > 0$，取 $k(\rho) = \rho$ 使我们能够对热方程（5.1.5）应用极大值原理. 事实上，对（5.1.5）应用极大值原理可证明 θ 有正的上、下界. 从物理应用上讲，如果电子密度 ρ 在区域的 Dirichlet 边界上是正的，我们希望在区域内部电子密度也保持正性. 但是关于 ρ 有正的下界证明并不明显.

我们的主要想法是，将（5.1.4）和（5.1.6）式用

$$\left(\frac{\rho_x}{\rho} \right)_x = -\frac{j_0}{\theta\rho^2}\rho_x + \frac{\rho - D(x) - \theta + \theta_L(x)}{\theta} \tag{5.1.10}$$

和

$$\phi(x) = \phi_l - \theta(x) + \theta_l - \int_0^x \frac{\rho_x(s)\theta(s)}{\rho(s)}\,\mathrm{d}s + j_0\int_0^x \frac{\mathrm{d}s}{\rho(s)}$$

替换（详情见本章第 2 节）. 对于给定的 $\eta \in B^1([0,1])$：$0 < \overline{C_m} \leqslant \eta \leqslant \overline{C_M}$（其中 $\overline{C_m}$ 和 $\overline{C_M}$ 的定义见（5.1.11）式），容易证明问题

$$(\eta\theta_x)_x = \eta(\theta - \theta_L(x)) , \quad \theta(0) = \theta_l > 0 , \quad \theta(1) = \theta_r > 0$$

存在唯一解 $\theta \in B^2([0,1])$，使得 $0 < \underline{\theta} \leqslant \theta \leqslant \overline{\theta}$，其中 $\underline{\theta}$ 和 $\overline{\theta}$ 的定义见（5.1.12）式. 然后对上述 η，θ，可证问题

$$\left(\frac{\rho_x}{\eta} \right)_x = -\frac{j_0}{\theta\eta^2}\rho_x + \frac{\rho - D(x) - \theta + \theta_L(x)}{\theta} ,$$

$$\rho(0) = \rho_l > 0 , \quad \rho(1) = \rho_r > 0$$

有唯一解 $\rho \in B^2([0,1])$：$0 < \overline{C_m} \leqslant \rho \leqslant \overline{C_M}$. 因此，在

$$W := \left\{ f \in B^1([0,1]) : 0 < \overline{C_m} \leqslant f \leqslant \overline{C_M} \right\}$$

上的映射 $T: \eta \mapsto \rho$ 是有定义的. 这样，通过对 ρ 进行一系列的提升估计和利用 Schauder 不动点定理，可以证明问题（5.1.10），（5.1.5），（5.1.7）和（5.1.8）的解 (ρ, θ) 是存在的，详情见本章第 2 节.

引理 5.1.1 $B^n([0,1])$ 表示在 $[0,1]$ 上具有直到 n 阶连续且有界导数的函数空间，其范数为

$$|f|_n := \sum_{i=1}^{n} \sup_{x \in [0,1]} \left| \partial_x^i f(x) \right|.$$

此外，记

$$\overline{C}_m := \min\{\rho_l, \rho_r, D_m\}, \quad \overline{C}_M := \max\{\rho_l, \rho_r, D_M\}, \quad (5.1.11)$$

$$\underline{\theta} := \min\{\theta_l, \theta_r, \theta_m\}, \quad \overline{\theta} := \max\{\theta_l, \theta_r, \theta_M\}. \quad (5.1.12)$$

关于问题（5.1.4）~（5.1.9）古典解的存在性和唯一性结果，我们叙述如下：

定理 5.1.1[54] （解的存在性）设 $D(x)$，$\theta_L(x) \in B^0([0,1])$，对于 $x \in [0,1]$，有 $0 < \theta_m \leqslant \theta_L(x) \leqslant \theta_M$，$0 < D_m \leqslant D(x) \leqslant D_M$，设 $\overline{C}_M$，$\overline{C}_m$，D_M，D_m，$\overline{\theta}$，$\underline{\theta}$，θ_M 和 θ_m 满足：

$$\overline{C}_M - D_M - \overline{\theta} + \theta_m \geqslant 0, \quad (5.1.13)$$

$$\overline{C}_m - D_m - \underline{\theta} + \theta_M \leqslant 0, \quad (5.1.14)$$

并且设电流密度 j_0 充分小，使得

$$0 < j_0 < \frac{\sqrt{2}\,\underline{\theta}\,\overline{C}_m^{\ 2}}{\overline{C}_M}, \quad (5.1.15)$$

则问题（5.1.4）~（5.1.9）有解 $(\rho, \theta, \phi) \in (B^2([0,1]))^3$，使得对于 $x \in [0,1]$，有 $0 < \overline{C}_m \leqslant \rho \leqslant \overline{C}_M$，$0 < \underline{\theta} \leqslant \theta \leqslant \overline{\theta}$.

定理 5.1.2[55] （解的唯一性）设定理 5.1.1 中的条件成立，则当 θ 较大且 $\overline{\theta} - \underline{\theta}$ 较小时，定理 5.1.1 中的解 $(\rho, \theta, \phi) \in (B^2([0,1]))^3$ 是唯一的.

注 5.1.1 条件（5.1.13）~（5.1.15）用来证明 ρ 有正的上、下界. 若没有前两个条件，我们不知道如何处理

$$\int_0^1 \frac{\theta - \theta_L(x)}{\theta}(\rho - \overline{C}_m)^+ \, \mathrm{d}x$$

和

$$\int_0^1 \frac{\theta - \theta_L(x)}{\theta}(\rho - \overline{C}_m)^- \, \mathrm{d}x$$

（详情见定理 5.2.1 证明的第 2 步）．对于电流密度充分小的假设，在粘性量子流体动力学模型中也出现了类似情形（例如见文献[56]）．

下面在有界区域上研究多维稳态能量输运模型弱解的存在性．我们将在热导率 $k(n,\theta)=n\theta$ 的情形下研究如下边值问题：

$$-\mathrm{div}(\theta\nabla n)=\mathrm{div}(n\nabla(\theta+V)) , \qquad\qquad (5.1.16)$$

$$\mathrm{div}(n\theta\nabla\theta)=\frac{n}{\tau}(\theta-\theta_L(x)) , \qquad\qquad (5.1.17)$$

$$-\lambda^2\Delta V=n-C(x) , \quad x\in\Omega , \qquad\qquad (5.1.18)$$

其中 n ， V 分别表示电子密度和电位势．我们假设区域 Ω 的边界 $\partial\Omega\in C^{0,1}$ ， $\partial\Omega=\Gamma_D\bigcup\Gamma_N$ ， $\Gamma_D\bigcap\Gamma_N=\varnothing$ ， Γ_N 是闭集， Γ_D 的 $d-1$ 维 Lebesgue 测度是正的，即 $meas_{d-1}\Gamma_D>0$ ． Γ_D 表示半导体器件的欧姆联结部分， Γ_N 表示绝缘边界部分．于是，我们提出如下边界条件：

$$n=n_D , \ \theta=\theta_D , \ V=V_D , \ x\in\Gamma_D , \qquad\qquad (5.1.19)$$

$$\nabla n\cdot\nu=\nabla\theta\cdot\nu=\nabla V\cdot\nu=0 , \ x\in\Gamma_N , \qquad\qquad (5.1.20)$$

其中 ν 表示 $\partial\Omega$ 上的单位外法向量．

我们的主要结果叙述如下：

定理 5.1.3[57] 设 n_D ， θ_D ， $V_D\in H^1(\Omega)$ ， $C(x)\in L^2(\Omega)$ ， n_D ， θ_D ， $\theta_L(x)\in L^\infty(\Omega)$ ，且 $\inf\limits_{\Gamma_D} n_D$ ， $\inf\limits_{\Gamma_D}\theta_D$ ， $\inf\limits_{\Omega}\theta_L(x)>0$ ，则问题（5.1.16）~（5.1.20）存在弱解 $(n,\theta,V)\in(H^1(\Omega))^3$ ，且 $0<k\leqslant n\leqslant K$ ， $0<m\leqslant\theta\leqslant M$ ， $x\in\Omega$ ，其中

$$k=\inf\limits_{\Gamma_D} n_D , \quad K=\sup\limits_{\Gamma_D} n_D ,$$

$$m=\min\left\{\inf\limits_{\Omega}\theta_L(x),\inf\limits_{\Gamma_D}\theta_D(x)\right\} ,$$

$$M=\max\left\{\sup\limits_{\Omega}\theta_L(x),\sup\limits_{\Gamma_D}\theta_D(x)\right\} .$$

最后，我们研究对应于（5.1.16）~（5.1.18）的双极稳态模型[58]：

$$-\mathrm{div}(\theta\nabla n)=\mathrm{div}(n\nabla(\theta+V)) , \qquad\qquad (5.1.21)$$

$$-\text{div}(\theta\nabla p) = \text{div}(p\nabla(\theta-V)) \ , \tag{5.1.22}$$

$$\text{div}((n+p)\nabla\theta) = (n+p)(\theta-\theta_L(x)) \ , \tag{5.1.23}$$

$$-\Delta V = n-p-C(x) \ , \ x\in\Omega \ , \tag{5.1.24}$$

其中电子密度 n、空穴密度 p、粒子温度 θ 和电位势 V 为未知函数；晶格温度 $\theta_L(x)$ 和杂质密度 $C(x)$ 为已知函数. 我们假设区域 Ω 的边界 $\partial\Omega\in C^{0,1}$，$\partial\Omega=\Gamma_D\bigcup\Gamma_N$，$\Gamma_D\bigcap\Gamma_N=\varnothing$，$\Gamma_N$ 是闭集，Γ_D 的 $d-1$ 维 Lebesgue 测度是正的，即 $meas_{d-1}\Gamma_D>0$. Γ_D 表示半导体器件的欧姆联结部分，Γ_N 表示绝缘边界部分. 于是，对于模型（5.1.21）~（5.1.24），我们提出如下边界条件：

$$n=n_D \ , \ p=p_D \ , \ \theta=\theta_D \ , \ V=V_D \ , \ x\in\Gamma_D \ , \tag{5.1.25}$$

$$\nabla n\cdot\nu = \nabla p\cdot\nu = \nabla\theta\cdot\nu = \nabla V\cdot\nu = 0 \ , \ x\in\Gamma_N \ , \tag{5.1.26}$$

其中 ν 表示 $\partial\Omega$ 上的单位外法向量.

我们的主要结果叙述如下：

定理 5.1.4[58] 设 n_D，p_D，θ_D，$V_D\in H^1(\Omega)$，$C(x)\in L^2(\Omega)$，n_D，p_D，θ_D，$\theta_L(x)\in L^{\infty}(\Omega)$，且 $\inf\limits_{\Gamma_D}n_D$，$\inf\limits_{\Gamma_D}p_D$，$\inf\limits_{\Gamma_D}\theta_D$，$\inf\limits_{\Omega}\theta_L(x)>0$，则问题（5.1.21）~（5.1.26）存在弱解 $(n,p,\theta,V)\in(H^1(\Omega))^4$，且 $0<\alpha_1\leqslant n\leqslant\alpha_2$，$0<\beta_1\leqslant p\leqslant\beta_2$，$0<m\leqslant\theta\leqslant M$，$x\in\Omega$，其中

$$\alpha_1=\inf\limits_{\Gamma_D}n_D \ , \quad \alpha_2=\sup\limits_{\Gamma_D}n_D \ , \quad \beta_1=\inf\limits_{\Gamma_D}p_D \ , \quad \beta_2=\sup\limits_{\Gamma_D}p_D \ ,$$

$$m=\min\left\{\inf\limits_{\Omega}\theta_L(x),\inf\limits_{\Gamma_D}\theta_D(x)\right\} \ , \quad M=\max\left\{\sup\limits_{\Omega}\theta_L(x),\sup\limits_{\Gamma_D}\theta_D(x)\right\} \ .$$

本章如下安排：第 5.2 节证明定理 5.1.1，第 5.3 节证明定理 5.1.2，第 5.4 节证明定理 5.1.3，第 5.5 节证明定理 5.1.4.

5.2 定理 5.1.1 的证明

我们首先把方程（5.1.4）转化为一个二阶椭圆方程.（5.1.4）式除以 ρ 再关于 x 微分，此方程等价于

$$\left(\frac{\theta\rho_x}{\rho}\right)_x + \theta_{xx} - \rho + D(x) = \left(\frac{j_0}{\rho}\right)_x, \tag{5.2.1}$$

这里用到了 Poisson 方程（5.1.6）.（5.1.5）式除以 ρ，得

$$\theta_{xx} = -\frac{\rho_x\theta_x}{\rho} + \theta - \theta_L(x).$$

将此式代入（5.2.1）式并除以 θ，得

$$\left(\frac{\rho_x}{\rho}\right)_x = -\frac{j_0}{\theta\rho^2}\rho_x + \frac{\rho - D(x) - \theta + \theta_L(x)}{\theta}. \tag{5.2.2}$$

电位势可由（5.1.4）式经过除以 ρ 并积分得到还原：

$$\phi(x) = \phi_l - \theta(x) + \theta_l(x) - \int_0^x \frac{\rho_x(s)\theta(s)}{\rho(s)}\,\mathrm{d}s + j_0\int_0^x \frac{\mathrm{d}s}{\rho(s)}. \tag{5.2.3}$$

容易证明，如果在 $[0, 1]$ 中 $\rho, \theta > 0$，则对于解 $(\rho, \theta, \phi) \in (B^2([0,1]))^3$，问题（5.1.4）~（5.1.9）和（5.2.2），（5.1.5），（5.2.3），（5.1.7）~（5.1.9）是等价的. 事实上，我们已经证明了问题（5.1.4）~（5.1.9）的满足 $\rho, \theta > 0$ 的解 $(\rho, \theta, \phi) \in (B^2([0,1]))^3$ 为问题（5.2.2），（5.1.5），（5.2.3），（5.1.7）~（5.1.9）提供了一个解. 反之，设 $(\rho, \theta, \phi) \in (B^2([0,1]))^3$ 是问题（5.2.2），（5.1.5），（5.2.3），（5.1.7）~（5.1.9）的满足 $\rho, \theta > 0$ 的解. 对第本节开始的过程进行反推，由（5.2.2）式我们可得（5.2.1）式. 对（5.2.3）式微分两次再与（5.2.1）式比较可得泊松方程（5.1.6）. 然后，对（5.2.3）式微分一次再乘以 ρ，我们得（5.1.4）式. 这样，我们只需证明问题（5.2.2），（5.1.5），（5.2.3），（5.1.7）~（5.1.9）解的存在性.

下面是问题（5.2.2），（5.1.5），（5.2.3），（5.1.7）~（5.1.9）解的存在性定理：

定理 5.2.1 在定理 5.1.1 的假设条件下，问题（5.2.2），（5.1.5），（5.2.3），（5.1.7）~（5.1.9）存在解 $(\rho, \theta, \phi) \in (B^2([0,1]))^3$，使得对于 $x \in [0,1]$，有 $0 < \overline{C_m} \leqslant \rho \leqslant \overline{C_M}$，$0 < \underline{\theta} \leqslant \theta \leqslant \overline{\theta}$，其中 $\overline{C_m}$，$\overline{C_M}$，$\underline{\theta}$，$\overline{\theta}$ 的定义分别见（5.1.11）和（5.1.12）式.

证明： 由于整个证明过程有点长，我们把它分成几步.

第 1 步：设 $\eta \in W := \left\{ f \in B^1([0,1]) : 0 < \overline{C_m} \leqslant f \leqslant \overline{C_M} \right\}$，则由线性椭圆方程

的一般理论可知，问题

$$(\eta\theta_x)_x = \eta(\theta - \theta_L(x)), \quad \theta(0) = \theta_l > 0, \quad \theta(1) = \theta_r > 0 \qquad (5.2.4)$$

存在唯一解 $\theta \in B^2([0,1])$. 用 $(\theta - \overline{\theta})^+ = \max\left\{0, \theta - \overline{\theta}\right\}$ 作为 (5.2.4) 式的试验函数，得

$$\overline{C_m}\int_0^1 ((\theta - \overline{\theta})^+)_x^2 \, \mathrm{d}x \leqslant \int_0^1 \eta((\theta - \overline{\theta})^+)_x^2 \, \mathrm{d}x \leqslant -$$

$$\int_0^1 \eta(\theta - \theta_L(x))(\theta - \overline{\theta})^+ \, \mathrm{d}x \leqslant 0.$$

这意味着 $(\theta - \overline{\theta})^+ = 0$，从而有 $\theta \leqslant \overline{\theta}$，$x \in [0,1]$. 用 $(\theta - \underline{\theta})^- = \min\left\{0, \theta - \underline{\theta}\right\}$ 作为 (5.2.4) 式的试验函数，得

$$\overline{C_m}\int_0^1 ((\theta - \underline{\theta})^-)_x^2 \, \mathrm{d}x \leqslant \int_0^1 \eta((\theta - \underline{\theta})^-)_x^2 \, \mathrm{d}x \leqslant -$$

$$\int_0^1 \eta(\theta - \theta_L(x))(\theta - \underline{\theta})^- \, \mathrm{d}x \leqslant 0,$$

这意味着 $(\theta - \underline{\theta})^- = 0$，从而有 $\theta \geqslant \underline{\theta} > 0$，$x \in [0,1]$.

第 2 步：对于第 1 步中的 η，θ，由线性椭圆方程的一般理论可得，问题

$$\left(\frac{\rho_x}{\eta}\right)_x = -\frac{j_0}{\theta\eta^2}\rho_x + \frac{\rho - D(x) - \theta + \theta_L(x)}{\theta},$$

$$\rho(0) = \rho_l > 0, \quad \rho(1) = \rho_r > 0 \qquad (5.2.5)$$

有唯一解 $\rho \in B^2([0,1])$. 用 $(\rho - \overline{C_M})^+ = \max\left\{0, \rho - \overline{C_M}\right\}$ 作为 (5.2.5) 式的试验函数，可得

$$\frac{1}{\overline{C_M}}\int_0^1 ((\rho - \overline{C_M})^+)_x^2 \, \mathrm{d}x$$

$$\leqslant \int_0^1 \frac{1}{\eta}((\rho - \overline{C_M})^+)_x^2 \, \mathrm{d}x$$

$$= \int_0^1 \frac{j_0}{\theta\eta^2}\rho_x(\rho - \overline{C_M})^+ \, \mathrm{d}x - \int_0^1 \frac{\rho - D(x) - \theta + \theta_L(x)}{\theta}(\rho - \overline{C_M})^+ \, \mathrm{d}x$$

$$= I_1 + I_2. \qquad (5.2.6)$$

由 Holder 和 Young 不等式，得

$$I_1 = \int_0^1 \frac{j_0}{\theta \eta^2} ((\rho - \overline{C_M})^+)_x (\rho - \overline{C_M})^+ \, dx$$

$$\leqslant \frac{j_0}{\underline{\theta}\,\overline{C_m}^2} \int_0^1 |((\rho - \overline{C_M})^+)_x| (\rho - \overline{C_M})^+ \, dx$$

$$\leqslant \frac{j_0}{\underline{\theta}\,\overline{C_m}^2} \left[\int_0^1 ((\rho - \overline{C_M})^+)_x^2 \, dx \right]^{\frac{1}{2}} \left[\int_0^1 ((\rho - \overline{C_M})^+)^2 \, dx \right]^{\frac{1}{2}}$$

$$\leqslant \frac{j_0}{\sqrt{2}\,\underline{\theta}\,\overline{C_m}^2} \int_0^1 ((\rho - \overline{C_M})^+)_x^2 \, dx. \qquad (5.2.7)$$

由条件（5.1.13）得

$$I_2 = -\int_0^1 \frac{(\rho - \overline{C_M})(\rho - \overline{C_M})^+}{\theta} \, dx -$$

$$\int_0^1 \frac{\overline{C_M} - D(x) - \theta + \theta_L(x)}{\theta} (\rho - \overline{C_M})^+ \, dx$$

$$\leqslant -\int_0^1 \frac{\overline{C_M} - D_M - \overline{\theta} + \theta_m}{\theta} (\rho - \overline{C_M})^+ \, dx \leqslant 0. \qquad (5.2.8)$$

由（5.2.6）~（5.2.8）式可推出

$$\left(\frac{1}{\overline{C_M}} - \frac{j_0}{\sqrt{2}\,\underline{\theta}\,\overline{C_m}^2} \right) \int_0^1 ((\rho - \overline{C_M})^+)_x^2 \, dx \leqslant 0.$$

由此不等式结合条件（5.1.15）可得 $(\rho - \overline{C_M})^+ = 0$，因此 $\rho \leqslant \overline{C_M}$，$x \in [0,1]$. 用 $(\rho - \overline{C_m})^- = \min\{0, \rho - \overline{C_m}\}$ 作为（5.2.5）式的试验函数并对其进行如上估计，有

$$\frac{1}{\overline{C_M}} \int_0^1 ((\rho - \overline{C_m})^-)_x^2 \, dx$$

$$\leqslant \int_0^1 \frac{1}{\eta} ((\rho - \overline{C_m})^-)_x^2 \, dx$$

$$= \int_0^1 \frac{j_0}{\theta \eta^2} \rho_x (\rho - \overline{C_m})^- \, dx - \int_0^1 \frac{\rho - D(x) - \theta + \theta_L(x)}{\theta} (\rho - \overline{C_m})^- \, dx$$

$$= \int_0^1 \frac{j_0}{\theta \eta^2} ((\rho - \overline{C_m})^-)_x (\rho - \overline{C_m})^- \, dx - \int_0^1 \frac{(\rho - \overline{C_m})(\rho - \overline{C_m})^-}{\theta} \, dx -$$

$$\int_0^1 \frac{\overline{C_m} - D(x) - \theta + \theta_L(x)}{\theta}(\rho - \overline{C_m})^- \, \mathrm{d}x$$

$$\leqslant \frac{j_0}{\theta \overline{C_m}^2}\left[\int_0^1 ((\rho - \overline{C_m})^-)_x^2 \, \mathrm{d}x\right]^{\frac{1}{2}}\left[\int_0^1 ((\rho - \overline{C_m})^-)^2 \, \mathrm{d}x\right]^{\frac{1}{2}} -$$

$$\int_0^1 \frac{\overline{C_m} - D_m - \theta + \theta_M}{\theta}(\rho - \overline{C_m})^- \, \mathrm{d}x$$

$$\leqslant \frac{j_0}{\sqrt{2}\theta\overline{C_m}^2}\int_0^1 ((\rho - \overline{C_m})^-)_x^2 \, \mathrm{d}x , \tag{5.2.9}$$

这里用到了 Holder 不等式，Poincare 不等式和条件（5.1.14）. 再次利用条件（5.1.15），（5.2.9）式意味着 $(\rho - \overline{C_m})^- = 0$ ，因此 $\rho \geqslant \overline{C_m} > 0$ ， $x \in [0,1]$.

第 3 步：上述两步可充分保证在 W 上的映射 $T: \eta \mapsto \rho$ 是有定义的. 接下来证明估计

$$\|\rho_x\|_{L^2(0,1)} \leqslant \overline{C_1} , \tag{5.2.10}$$

其中 $\overline{C_1}$ 为某个依赖于 ρ_l ， ρ_r ， θ_l ， θ_r ， θ_m ， θ_M ， D_m 和 D_M 的常数，但不依赖于 η. 为此，构造函数 $A(x) := \rho_l(1-x) + \rho_r x$ ，且定义 $\varsigma(x) := \rho - A(x)$ ，那么成立

$$\min\{\rho_l, \rho_r\} \leqslant A(x) \leqslant \max\{\rho_l, \rho_r\} , \tag{5.2.11}$$

$$\varsigma(0) = \varsigma(1) = 0 , \tag{5.2.12}$$

$$|\varsigma(x)| \leqslant \overline{C_M} - \min\{\rho_l, \rho_r\} . \tag{5.2.13}$$

把（5.2.5）式改写为

$$\left(\frac{\varsigma_x}{\eta}\right)_x = -\left(\frac{\rho_r - \rho_l}{\eta}\right)_x - \frac{j_0}{\theta\eta^2}\varsigma_x - \frac{j_0(\rho_r - \rho_l)}{\theta\eta^2} + \frac{\rho - D(x) - \theta + \theta_L(x)}{\theta} .$$

$$\tag{5.2.14}$$

（5.2.14）式乘以 ς 再在 $(0,1)$ 上积分，可得

$$\frac{1}{C_M}\int_0^1 \varsigma_x^2 \, \mathrm{d}x \leqslant \int_0^1 \frac{\varsigma_x^2}{\eta} \, \mathrm{d}x = -\int_0^1 \frac{\rho_r - \rho_l}{\eta}\varsigma_x \, \mathrm{d}x +$$

$$\int_0^1 \frac{j_0}{\theta \eta^2} \varsigma_x \varsigma \, \mathrm{d}x + \int_0^1 \frac{j_0(\rho_r - \rho_l)\varsigma}{\theta \eta^2} \mathrm{d}x - \int_0^1 \frac{\varsigma}{\theta}[\rho - D(x) - \theta + \theta_L(x)] \mathrm{d}x$$

$$= J_1 + J_2 + J_3 + J_4. \tag{5.2.15}$$

由 Young 不等式，$J_1 + J_2$ 可估计为

$$J_1 + J_2 \leqslant \frac{1}{4\overline{C_M}} \int_0^1 \varsigma_x^2 \, \mathrm{d}x + \overline{C_M} \int_0^1 \frac{(\rho_r - \rho_l)^2}{\eta^2} \mathrm{d}x$$

$$+ \frac{1}{4\overline{C_M}} \int_0^1 \varsigma_x^2 \, \mathrm{d}x + \overline{C_M} \int_0^1 \frac{j_0^2 \varsigma^2}{\theta^2 \eta^4} \mathrm{d}x$$

$$\leqslant \frac{1}{2\overline{C_M}} \int_0^1 \varsigma_x^2 \, \mathrm{d}x + \frac{\overline{C_M}(\rho_r - \rho_l)^2}{\overline{C_m}^2} + \frac{\overline{C_M} j_0^2 [\overline{C_M} - \min\{\rho_r, \rho_l\}]^2}{\underline{\theta}^2 \overline{C_m}^4}.$$

$$\tag{5.2.16}$$

显然

$$J_3 + J_4 \leqslant \frac{j_0 |\rho_r - \rho_l|}{\underline{\theta} \overline{C_m}^2} (\overline{C_M} - \min\{\rho_r, \rho_l\}) +$$

$$\frac{\overline{C_M} - \min\{\rho_r, \rho_l\}}{\underline{\theta}} [\overline{C_M} + D_M + \overline{\theta} + \theta_M] \tag{5.2.17}$$

由（5.2.15）~（5.2.17）式可得

$$\|\varsigma_x\|_{L^2(0,1)} \leqslant C_1, \tag{5.2.18}$$

其中 C_1 为某个依赖于 ρ_l，ρ_r，θ_l，θ_r，θ_m，$_M$，D_m 和 D_M 的常数，但不依赖于 η. 由（5.2.18）式可得（5.2.10）式.

第 4 步：设 T_1 为 T 在 $W_1 = \{f \in W : \|f_x\| \leqslant \overline{C_1}\}$ 上的限制，从（5.2.10）可看到 T_1 是 W_1 到其自身的一个映射，即 $T_1 : W_1 \to W_1$. 此外，直接计算可以证明 T_1 是连续的. 若 $\eta \in W_1$，则有估计

$$\|\rho_{xx}\|_{L^2(0,1)} \leqslant \overline{C_2}. \tag{5.2.19}$$

这里以及后面的常数 $\overline{C_2}$，C_2，C_3，$\cdots$ 依赖于 ρ_l，ρ_r，θ_l，θ_r，θ_m，θ_M，D_m

和 D_M ，但不依赖于 η ．事实上，只需证明 $\|\varsigma_{xx}\|_{L^2(0,1)} \leqslant \overline{C_2}$ ，因为在 $(0,1)$ 内 $\rho_{xx} = \varsigma_{xx}$ ．为了证明此估计，把（5.2.14）式改写为

$$\varsigma_{xx} = \frac{\varsigma_x \eta_x}{\eta} + \frac{(\rho_r - \rho_l)\eta_x}{\eta} - \frac{j_0 \varsigma_x}{\theta \eta} - \frac{j_0(\rho_r - \rho_l)}{\theta \eta}$$

$$+ \frac{\eta}{\theta}[\rho - D(x) - \theta + \theta_L(x)]. \tag{5.2.20}$$

（5.2.20）式两边取绝对值并在 $(0,1)$ 上积分，可得

$$\int_0^1 |\varsigma_{xx}|\,\mathrm{d}x \leqslant \int_0^1 \left|\frac{\varsigma_x \eta_x}{\eta}\right|\mathrm{d}x + \int_0^1 \left|\frac{(\rho_r - \rho_l)\eta_x}{\eta}\right|\mathrm{d}x + \int_0^1 \left|\frac{j_0 \varsigma_x}{\theta \eta}\right|\mathrm{d}x +$$

$$\int_0^1 \left|\frac{j_0(\rho_r - \rho_l)}{\theta \eta}\right|\mathrm{d}x + \int_0^1 \left|\frac{\eta}{\theta}[\rho - D(x) - \theta + \theta_L(x)]\right|\mathrm{d}x$$

$$\leqslant \frac{1}{2\underline{C_m}}\int_0^1 \varsigma_x^2\,\mathrm{d}x + \frac{1}{2\underline{C_m}}\int_0^1 \eta_x^2\,\mathrm{d}x + \frac{1}{2\underline{C_m}}\int_0^1 \varsigma_x^2\,\mathrm{d}x + \frac{j_0^2}{2\underline{C_m}\,\underline{\theta}^2} +$$

$$\frac{j_0|\rho_r - \rho_l|}{\underline{\theta}\,\underline{C_m}} + \frac{\overline{C_M}}{\underline{\theta}}(\overline{C_M} + D_M + \overline{\theta} + \theta_M)$$

$$\leqslant C_2, \tag{5.2.21}$$

这里用到了绝对值性质、Young 不等式、（5.2.18）式及 $\|\eta_x\|_{L^2(0,1)} \leqslant \overline{C_1}$ ．（5.2.13），（5.2.18）及（5.2.21）式意味着

$$\|\varsigma\|_{W^{2,1}(0,1)} \leqslant C_3. \tag{5.2.22}$$

（5.2.20）式乘以 ς_x ，再在所得等式的两端取绝对值，并在 $(0,1)$ 上积分，可得

$$\int_0^1 |\varsigma_{xx}\varsigma_x|\,\mathrm{d}x \leqslant \int_0^1 \left|\frac{\varsigma_x^2 \eta_x}{\eta}\right|\mathrm{d}x + \int_0^1 \left|\frac{(\rho_r - \rho_l)\varsigma_x\eta_x}{\eta}\right|\mathrm{d}x + \int_0^1 \left|\frac{j_0 \varsigma_x^2}{\theta \eta}\right|\mathrm{d}x +$$

$$\int_0^1 \left|\frac{j_0(\rho_r - \rho_l)\varsigma_x}{\theta \eta}\right|\mathrm{d}x + \int_0^1 \left|\frac{\eta\varsigma_x}{\theta}[\rho - D(x) - \theta + \theta_L(x)]\right|\mathrm{d}x, \tag{5.2.23}$$

这里再次用到了绝对值的性质．由 Young 不等式，（5.2.23）式右边第 1 个积分可估计为

$$\int_0^1 \left| \frac{\varsigma_x^2 \eta_x}{\eta} \right| dx \leq \frac{1}{2\overline{C_m}} \int_0^1 \varsigma_x^4 dx + \frac{1}{2\overline{C_m}} \int_0^1 \eta_x^2 dx$$

$$\leq \frac{C_4}{2\overline{C_m}} \|\varsigma\|_{W^{2,1}(0,1)}^4 + \frac{1}{2\overline{C_m}} \|\eta_x\|_{L^2(0,1)}^2 \leq C_5 , \qquad (5.2.24)$$

这里用到了嵌入 $W^{2,1}(0,1) \subset W^{1,4}(0,1)$，（5.2.22）式和 $\|\eta_x\|_{L^2(0,1)} \leq \overline{C_1}$。应用 Young 不等式和 $\|\varsigma_x\|_{L^2(0,1)}$ 及 $\|\eta_x\|_{L^2(0,1)}$ 的估计可知，（5.2.23）式右端其余的积分可被一个与 η 无关的常数界住. 因此

$$\int_0^1 |\varsigma_{xx} \varsigma_x| dx \leq C_6 . \qquad (5.2.25)$$

此估计可以使我们估计 $\|\varsigma_x\|_{L^\infty(0,1)}$. 事实上，因为 $\varsigma(0) = \varsigma(1) = 0$ 和 $\varsigma \in B^1([0,1])$，所以由中值定理知，存在点 $x_0 \in (0,1)$，使得 $\varsigma_x(x_0) = 0$. 由（5.2.25）式，我们发现

$$\left| \varsigma_x^2(x) \right| = \left| \varsigma_x^2(x) - \varsigma_x^2(x_0) \right| = \left| \int_{x_0}^x (\varsigma_x^2(s))_x \, ds \right| = 2 \left| \int_{x_0}^x \varsigma_{xx}(s)\varsigma_x(s) \, ds \right|$$

$$\leq 2 \int_0^1 |\varsigma_{xx}\varsigma_x| dx \leq 2C_6 .$$

因此

$$\|\varsigma_x\|_{L^\infty(0,1)} \leq C_7 . \qquad (5.2.26)$$

有了这些准备，现在来估计 $\|\varsigma_{xx}\|_{L^2(0,1)}$（5.2.20）式乘以 ς_{xx} 并在 $(0,1)$ 上积分，可得

$$\int_0^1 \varsigma_{xx}^2 dx = \int_0^1 \frac{\varsigma_x \eta_x \varsigma_{xx}}{\eta} dx + \int_0^1 \frac{(\rho_r - \rho_l)\eta_x \varsigma_{xx}}{\eta} dx - \int_0^1 \frac{j_0 \varsigma_x \varsigma_{xx}}{\theta \eta} dx -$$

$$\int_0^1 \frac{j_0 (\rho_r - \rho_l)\varsigma_{xx}}{\theta \eta} dx +$$

$$\int_0^1 \frac{\eta \varsigma_{xx}}{\theta} [\rho - D(x) - \theta + \theta_L(x)] dx . \qquad (5.2.27)$$

由（5.2.26）式和 Young 不等式，得

$$\int_0^1 \frac{\varsigma_x \eta_x \varsigma_{xx}}{\eta} \, \mathrm{d}x \leqslant \frac{C_7}{C_m} \int_0^1 |\eta_x \varsigma_{xx}| \, \mathrm{d}x \leqslant \frac{1}{4} \int_0^1 \varsigma_{xx}^2 \, \mathrm{d}x + \frac{C_7^2}{C_m^2} \int_0^1 \eta_x^2 \, \mathrm{d}x$$

$$\leqslant \frac{1}{4} \int_0^1 \varsigma_{xx}^2 \, \mathrm{d}x + C_8. \tag{5.2.28}$$

再次利用 Young 不等式,(5.2.27)式右端的其余积分有上界 $\frac{1}{4} \int_0^1 \varsigma_{xx}^2 \, \mathrm{d}x + C_9$. 结合 (5.2.27) 与 (5.2.28) 两式可得 $\int_0^1 \varsigma_{xx}^2 \, \mathrm{d}x \leqslant C_{10}$,所以 $\|\varsigma_{xx}\|_{L^2(0,1)} \leqslant \overline{C_2}$.

第 5 步:映射 T_1 的像 $T_1(W_1)$ 包含于集合 $W_2 := \left\{ f \in B^2([0,1]) \bigcap W_1 : \|f_{xx}\| \leqslant \overline{C_2} \right\}$,

其中 W_2 是 $B^1([0,1])$ 中的紧凸子集. 此外,设 T_2 是 T_1 在 W_2 上的限制. 那么 T_2 是 W_2 到其自身的连续映射. 因此,由 Schauder 不动点定理(例如见文献[59] 中的定理 11.1)我们看到存在不动点 $\rho = T_2(\rho) \in W_2$. 显然,$(\rho, \theta) \in (B^2([0,1]))^2$ 是问题 (5.2.2),(5.1.5),(5.1.7) 和 (5.1.8) 的一个解. 由公式 (5.2.3) 定义 ϕ,我们可以断定 $\phi \in B^2([0,1])$ 和 $\phi(0) = \phi_l$. 定理 5.2.1 得证.

定理 5.1.1 的证明:定理 5.1.1 可由定理 5.2.1 推出,因为对于满足 $0 < \overline{C_m} \leqslant \rho \leqslant \overline{C_M}$ 和 $0 < \underline{\theta} \leqslant \theta \leqslant \overline{\theta}$,$x \in [0,1]$ 的解 $(\rho, \theta, \phi) \in (B^2([0,1]))^3$,问题 (5.1.4) ~ (5.1.9) 和 (5.2.2),(5.1.5),(5.2.3),(5.1.7) ~ (5.1.9) 是等价的.

5.3 定理 5.1.2 的证明

为了证明定理 5.1.2,我们需要如下引理:

引理 5.3.1 设定理 5.1.1 中的条件成立,则存在常数 $K_1 > 0$,使

$$\|\theta_x\|_{L^\infty(0,1)} \leqslant K_1 \cdot (\overline{\theta} - \underline{\theta}), \tag{5.3.1}$$

其中 K_1 与 $\overline{C_m}$,$\overline{C_M}$,$\underline{\theta}$,$\overline{\theta}$ 有关,但与 $\overline{\theta} - \underline{\theta}$ 无关.

证明:记 $\Gamma(x) = \theta_l(1-x) + \theta_r x$,用 $\theta - \Gamma(x)$ 作为式 (5.1.5) 的试验函数,并利用 Young 不等式,得

$$\int_0^1 \rho \theta_x^2 \mathrm{d}x = \int_0^1 \rho \theta_x (\rho_r - \rho_l) \mathrm{d}x - \int_0^1 \rho (\theta - \theta_L(x))(\theta - \Gamma(x)) \mathrm{d}x$$

$$\leqslant \frac{1}{2} \int_0^1 \rho \theta_x^2 \mathrm{d}x + \frac{1}{2} \int_0^1 \rho (\theta_r - \theta_l)^2 \mathrm{d}x - \int_0^1 \rho (\theta - \theta_L(x))(\theta - \Gamma(x)) \mathrm{d}x$$

$$\leqslant \frac{1}{2}\int_0^1 \rho\theta_x^2 \mathrm{d}x + \frac{\overline{C_M}}{2}(\overline{\theta}-\underline{\theta})^2 + \overline{C_M}(\overline{\theta}-\underline{\theta})^2$$

$$= \frac{1}{2}\int_0^1 \rho\theta_x^2 \mathrm{d}x + \frac{3\overline{C_M}}{2}(\overline{\theta}-\underline{\theta})^2 .$$

由上式及 $\int_0^1 \rho\theta_x^2 \mathrm{d}x \leqslant \overline{C_m}\int_0^1 \theta_x^2 \mathrm{d}x$ 可得

$$\int_0^1 \theta_x^2 \mathrm{d}x \leqslant \frac{3\overline{C_M}}{\underline{C_m}}(\overline{\theta}-\underline{\theta})^2 . \tag{5.3.2}$$

将式（5.1.5）改写成

$$\theta_{xx} = -\frac{\rho_x \theta_x}{\rho} + \theta - \theta_L(x) . \tag{5.3.3}$$

由（5.2.10）式知，$\|\rho_x\|_{L^2(0,1)} \leqslant \overline{C_1}$，其中 $\overline{C_1}$ 依赖于 ρ_l，ρ_r，θ_l，θ_r，θ_m，θ_M，D_m 和 D_M，但不依赖于 $\overline{\theta}-\underline{\theta}$，所以

$$\int_0^1 |\theta_{xx}| \mathrm{d}x \leqslant \int_0^1 \left|\frac{\rho_x \theta_x}{\rho}\right| \mathrm{d}x + \int_0^1 |\theta - \theta_L(x)| \mathrm{d}x$$

$$\leqslant \frac{1}{\underline{C_m}}\left(\int_0^1 \rho_x^2 \mathrm{d}x\right)^{\frac{1}{2}}\left(\int_0^1 \theta_x^2 \mathrm{d}x\right)^{\frac{1}{2}} + (\overline{\theta}-\underline{\theta})$$

$$\leqslant \left(\frac{\overline{C_1}}{\underline{C_m}}\sqrt{\frac{3\overline{C_M}}{\underline{C_m}}}+1\right)\cdot(\overline{\theta}-\underline{\theta}) , \tag{5.3.4}$$

上面的计算中用到了 Holder 不等式及式（5.3.2）. 由式（5.3.4）知 $\theta \in W^{2,1}(0,1)$，又因为 $W^{2,1}(0,1) \subset W^{1,4}(0,1)$，所以存在常数 $K_2 > 0$，使

$$\|\theta_x\|_{L^4(0,1)} \leqslant K_2 \cdot(\overline{\theta}-\underline{\theta}) , \tag{5.3.5}$$

这里的 K_2 及后面的 K_i，$i=3,4,\cdots$ 均表示与 $\underline{C_m}$，$\overline{C_M}$，$\underline{\theta}$，$\overline{\theta}$ 有关，但与 $\overline{\theta}-\underline{\theta}$ 无关的常数. 式（5.3.3）两边同乘以 θ_x，取绝对值，再在 $(0,1)$ 上积分，得

$$\int_0^1 |\theta_{xx}\theta_x| \mathrm{d}x \leqslant \int_0^1 \left|\frac{\rho_x \theta_x^2}{\rho}\right| \mathrm{d}x + \int_0^1 |\theta_x(\theta - \theta_L(x))| \mathrm{d}x$$

$$\leqslant \frac{1}{\underline{C_m}}\left(\int_0^1 \rho_x^2 \mathrm{d}x\right)^{\frac{1}{2}}\left(\int_0^1 \theta_x^4 \mathrm{d}x\right)^{\frac{1}{2}} + \left(\int_0^1 \theta_x^2 \mathrm{d}x\right)^{\frac{1}{2}}$$

$$\left[\int_0^1 (\theta - \theta_L(x))^2 \, dx\right]^{\frac{1}{2}}$$

$$\leqslant K_3 \cdot (\overline{\theta} - \underline{\theta})^2 , \tag{5.3.6}$$

上面的不等式中我们用到了 Holder 不等式，$\|\rho_x\|_{L^2(0,1)} \leqslant \overline{C_1}$，式（5.3.2）及式（5.3.5）.

记 $\varsigma(x) = \theta - \Gamma(x)$，则 $\varsigma_x = \theta_x - (\theta_r - \theta_l)$，$\varsigma_{xx} = \theta_{xx}$，$\varsigma(0) = \varsigma(1) = 0$，由微分中值定理知，存在 $x_0 \in (0,1)$，使 $\varsigma_x(x_0) = 0$，所以

$$|\varsigma_x^2(x)| = |\varsigma_x^2(x) - \varsigma_x^2(x_0)| = \left|\int_{x_0}^x \left(\varsigma_s^2(s)\right)_s \, ds\right|$$

$$= 2\left|\int_{x_0}^x \varsigma_{ss}(s)\varsigma_s(s)ds\right| \leqslant 2\int_0^1 |\varsigma_{xx}\varsigma_x| \, dx$$

$$= 2\int_0^1 |\theta_{xx}[\theta_x - (\theta_r - \theta_l)]| \, dx$$

$$\leqslant 2\int_0^1 |\theta_{xx}\theta_x| \, dx + 2(\overline{\theta} - \underline{\theta})\int_0^1 |\theta_{xx}| \, dx$$

$$\leqslant K_4 \cdot (\overline{\theta} - \underline{\theta})^2 , \tag{5.3.7}$$

上面的最后一个不等式用到了式（5.3.6）及式（5.3.4）。由式（5.3.7）可得

$$|\theta_x^2| = |\varsigma_x(x) + (\theta_r - \theta_l)|^2 \leqslant 2 |\varsigma_x(x)|^2 + 2(\overline{\theta} - \underline{\theta})^2 \leqslant K_5 \cdot (\overline{\theta} - \underline{\theta})^2 ,$$

所以式（5.3.1）成立。引理 5.3.1 证毕.

定理 5.1.2 的证明： 设 $(\rho_1, \theta_1, \phi_1)$，$(\rho_2, \theta_2, \phi_2) \in (B^2([0,1]))^3$ 为定理 5.1.1 中的两个解. 用 $\theta_1 - \theta_2$ 分别作为

$$(\rho_1 \theta_{1x})_x = \rho_1(\theta_1 - \theta_L(x))$$

和

$$(\rho_2 \theta_{2x})_x = \rho_2(\theta_2 - \theta_L(x))$$

的试验函数并两式相减，得

$$\overline{C_m}\int_0^1 (\theta_1 - \theta_2)_x^2 \, dx \leqslant \int_0^1 \rho_1(\theta_1 - \theta_2)_x^2 \, dx$$

$$= -\int_0^1 \theta_{2x}(\rho_1 - \rho_2)(\theta_1 - \theta_2)_x dx +$$

$$\int_0^1 (\theta_L(x) - \theta_2)(\rho_1 - \rho_2)(\theta_1 - \theta_2)dx -$$

$$\int_0^1 \rho_1(\theta_1 - \theta_2)^2 \,\mathrm{d}x$$

$$\leqslant \frac{K_1 \cdot (\overline{\theta} - \underline{\theta})}{\sqrt{2}} \left[\int_0^1 (\rho_1 - \rho_2)_x^2 \,\mathrm{d}x \right]^{\frac{1}{2}} \left[\int_0^1 (\theta_1 - \theta_2)_x^2 \,\mathrm{d}x \right]^{\frac{1}{2}} +$$

$$\frac{\overline{\theta} - \underline{\theta}}{2} \left[\int_0^1 (\rho_1 - \rho_2)_x^2 \,\mathrm{d}x \right]^{\frac{1}{2}} \left[\int_0^1 (\theta_1 - \theta_2)_x^2 \,\mathrm{d}x \right]^{\frac{1}{2}} ,$$

上面的不等式中用到了式（5.3.1），Holder 不等式，Poincare 不等式及 $-\int_0^1 \rho_1(\theta_1 - \theta_2)^2 \,\mathrm{d}x \leqslant 0$，所以

$$\left[\int_0^1 (\theta_1 - \theta_2)_x^2 \,\mathrm{d}x \right]^{\frac{1}{2}} \leqslant K_6 \cdot (\overline{\theta} - \underline{\theta}) \left[\int_0^1 (\rho_1 - \rho_2)_x^2 \,\mathrm{d}x \right]^{\frac{1}{2}} . \tag{5.3.8}$$

用

$$(\rho_1 \theta_1)_x + \rho_1 \phi_{1x} = j_0$$

减去

$$(\rho_2 \theta_2)_x + \rho_2 \phi_{2x} = j_0 ,$$

得

$$\theta_1(\rho_1 - \rho_2)_x = -\rho_{2x}(\theta_1 - \theta_2) - \rho_1(\theta_1 - \theta_2)_x - \theta_{2x}(\rho_1 - \rho_2) -$$

$$\rho_1(\phi_1 - \phi_2)_x - \phi_{2x}(\rho_1 - \rho_2) . \tag{5.3.9}$$

上式两边同乘以 $(\rho_1 - \rho_2)_x$，再在 $(0,1)$ 上积分，得

$$\underline{\theta} \int_0^1 (\rho_1 - \rho_2)_x^2 \,\mathrm{d}x \leqslant \int_0^1 \theta_1(\rho_1 - \rho_2)_x^2 \,\mathrm{d}x$$

$$= -\int_0^1 \rho_{2x}(\theta_1 - \theta_2)(\rho_1 - \rho_2)_x \,\mathrm{d}x - \int_0^1 \rho_1(\theta_1 - \theta_2)_x$$

$$(\rho_1 - \rho_2)_x \,\mathrm{d}x - \int_0^1 \theta_{2x}(\rho_1 - \rho_2)(\rho_1 - \rho_2)_x \,\mathrm{d}x -$$

$$\int_0^1 \rho_1(\phi_1 - \phi_2)_x(\rho_1 - \rho_2)_x \,\mathrm{d}x -$$

$$\int_0^1 \phi_{2x}(\rho_1 - \rho_2)(\rho_1 - \rho_2)_x \,\mathrm{d}x$$

$$= L_1 + L_2 + L_3 + L_4 + L_5 . \tag{5.3.10}$$

由（5.2.26）式及上节中 $\varsigma(x)$ 的定义知 $\|\rho_x\|_{L^\infty(0,1)} \leqslant K_7$，所以再由 Holder 不等式，Poincare 不等式，式（5.3.8）及式（5.3.1）易得

$$L_1 + L_2 + L_3 \leqslant K_8 \cdot (\overline{\theta} - \underline{\theta}) \int_0^1 (\rho_1 - \rho_2)_x^2 \mathrm{d}x . \tag{5.3.11}$$

为估计 L_4，用 $\phi_1 - \phi_2$ 分别作为

$$-\phi_{1xx} = \rho_1 - D(x)$$

和

$$-\phi_{2xx} = \rho_2 - D(x)$$

的试验函数并将两式相减，得

$$\int_0^1 (\phi_1 - \phi_2)_x^2 \mathrm{d}x = \int_0^1 (\rho_1 - \rho_2)(\phi_1 - \phi_2) \mathrm{d}x$$

$$\leqslant \frac{1}{2} \left[\int_0^1 (\rho_1 - \rho_2)_x^2 \, \mathrm{d}x \right]^{\frac{1}{2}} \left[\int_0^1 (\phi_1 - \phi_2)_x^2 \mathrm{d}x \right]^{\frac{1}{2}} ,$$

所以

$$\left[\int_0^1 (\phi_1 - \phi_2)_x^2 \, \mathrm{d}x \right]^{\frac{1}{2}} \leqslant \frac{1}{2} \left[\int_0^1 (\rho_1 - \rho_2)_x^2 \, \mathrm{d}x \right]^{\frac{1}{2}} . \tag{5.3.12}$$

由 Holder 不等式及式（5.3.12），得

$$L_4 \leqslant \frac{\overline{C_M}}{2} \int_0^1 (\rho_1 - \rho_2)_x^2 \, \mathrm{d}x . \tag{5.3.13}$$

对于 L_5，利用分部积分及式（5.1.6）可得

$$L_5 = -\frac{1}{2} \int_0^1 \phi_{2x} \left[(\rho_1 - \rho_2)^2 \right]_x \mathrm{d}x = \frac{1}{2} \int_0^1 \phi_{2xx} (\rho_1 - \rho_2)^2 \mathrm{d}x$$

$$= -\frac{1}{2} \int_0^1 (\rho_2 - D(x))(\rho_1 - \rho_2)^2 \mathrm{d}x$$

$$\leqslant \frac{1}{2} (D_M - \overline{C_m}) \int_0^1 (\rho_1 - \rho_2)^2 \mathrm{d}x$$

$$\leqslant \frac{1}{4} (D_M - \overline{C_m}) \int_0^1 (\rho_1 - \rho_2)_x^2 \mathrm{d}x . \tag{5.3.14}$$

由式（5.3.10），（5.3.11），（5.3.13），（5.3.14）知，

$$\left[\underline{\theta} - \frac{\overline{C_M}}{2} - \frac{1}{4}(D_M - \overline{C_m}) - K_8 \cdot (\overline{\theta} - \underline{\theta})\right]\int_0^1 (\rho_1 - \rho_2)_x^2 \mathrm{d}x \leqslant 0 , \quad (5.3.15)$$

所以若 $\underline{\theta}$ 较大且 $\overline{\theta} - \underline{\theta}$ 较小，使得

$$\underline{\theta} - \frac{\overline{C_M}}{2} - \frac{1}{4}(D_M - \overline{C_m}) - K_8 \cdot (\overline{\theta} - \underline{\theta}) > 0 , \quad (5.3.16)$$

则由式（5.3.15）知 $\rho_1 = \rho_2$，再由式（5.3.8），（5.3.12）知 $\theta_1 = \theta_2$，$\phi_1 = \phi_2$，定理 5.1.2 证毕.

5.4 定理 5.1.3 的证明

由于（5.1.16），（5.1.17）两个方程都是退化的，所以我们考虑如下截断问题：

$$-\mathrm{div}(\theta_{m,M}\nabla n) = \mathrm{div}(n_{k,K}\nabla(\theta + V)) , \quad (5.4.1)$$

$$\mathrm{div}(n_{k,K}\theta_{m,M}\nabla\theta) = \frac{n_K}{\tau}(\theta - \theta_L(x)) , \quad (5.4.2)$$

$$-\lambda^2\Delta V = n_K - C(x) , \; x \in \Omega , \quad (5.4.3)$$

其中

$$n_K = \max\{0, \min\{K, n\}\} , \quad n_K = \max\{0, \min\{K, n\}\} ,$$

$$\theta_{m,M} = \max\{m, \min\{M, \theta\}\} ,$$

k, K, m, M 的定义见定理 5.1.3.

定理 5.1.3 的证明需要如下引理：

引理 5.4.1 设定理 5.1.3 中的条件成立，且 $(n, \theta, V) \in (H^1(\Omega))^3$ 是问题（5.4.1）~（5.4.3），（5.1.19），（5.1.20）的解，则

$$\|\theta\|_{H^1(\Omega)} \leqslant C_1 , \quad \|V\|_{H^1(\Omega)} \leqslant C_2 , \quad \|n\|_{H^1(\Omega)} \leqslant C_3 ,$$

且 $0 < k \leqslant n \leqslant K$，$0 < m \leqslant \theta \leqslant M$，$x \in \Omega$，其中常数 $C_1, C_2, C_3 > 0$ 仅可以与 n_D，θ_D，V_D，$\theta_L(x)$，$C(x)$ 及 Ω, d 有关.

证明： 用 $\theta-\theta_D\in H_0^1(\Omega\cup\Gamma_N)$ 作为（5.4.2）式的试验函数并利用 Young 不等式，得

$$km\int_\Omega|\nabla\theta|^2\,\mathrm{d}x\leqslant\int_\Omega n_{k,K}\theta_{m,M}|\nabla\theta|^2\,\mathrm{d}x$$

$$=\int_\Omega n_{k,K}\theta_{m,M}\nabla\theta\cdot\nabla\theta_D\,\mathrm{d}x-$$

$$\frac{1}{\tau}\int_\Omega n_K\left(\theta-\theta_L(x)\right)\left(\theta-\theta_D\right)\mathrm{d}x$$

$$\leqslant\frac{km}{2}\int_\Omega|\nabla\theta|^2\,\mathrm{d}x+\frac{K^2M^2}{2km}\int_\Omega|\nabla n_D|^2\,\mathrm{d}x+\frac{K}{\tau}(M-m)^2|\Omega|\,,$$

其中 $|\Omega|$ 表示 Ω 的 Lebesgue 测度，所以存在常数 $C_1>0$，使 $\|\theta\|_{H^1(\Omega)}\leqslant C_1$.

用 $V-V_D\in H_0^1(\Omega\cup\Gamma_N)$ 作为（11）式的试验函数并利用 Young 不等式，得

$$\lambda^2\int_\Omega|\nabla V|^2\,\mathrm{d}x=\lambda^2\int_\Omega\nabla V\cdot\nabla V_D\,\mathrm{d}x+\int_\Omega\left(n_K-C(x)\right)\left(V-V_D\right)\mathrm{d}x$$

$$\leqslant\frac{\lambda^2}{4}\int_\Omega|\nabla V|^2\,\mathrm{d}x+\lambda^2\int_\Omega|\nabla V_D|^2\,\mathrm{d}x+$$

$$\int_\Omega\left(n_K-C(x)\right)\left(V-V_D\right)\mathrm{d}x\,. \tag{5.4.4}$$

由带 ε 的 Young 不等式和 Poincare 不等式知

$$\int_\Omega\left(n_K-C(x)\right)\left(V-V_D\right)\mathrm{d}x$$

$$\leqslant\frac{1}{2\varepsilon\lambda^2}\int_\Omega\left(n_K-C(x)\right)^2\,\mathrm{d}x+\frac{\varepsilon\lambda^2}{2}\int_\Omega\left(V-V_D\right)^2\,\mathrm{d}x$$

$$\leqslant\frac{1}{\varepsilon\lambda^2}\int_\Omega n_K^2\,\mathrm{d}x+\frac{1}{\varepsilon\lambda^2}\int_\Omega C(x)^2\,\mathrm{d}x+\frac{\varepsilon\lambda^2C_0}{2}\int_\Omega\left|\nabla\left(V-V_D\right)\right|^2\,\mathrm{d}x$$

$$\leqslant\frac{K^2}{\varepsilon\lambda^2}+\frac{\|C(x)\|_{L^2(\Omega)}^2}{\varepsilon\lambda^2}+\varepsilon\lambda^2C_0\int_\Omega|\nabla V|^2\,\mathrm{d}x+\varepsilon\lambda^2C_0\int_\Omega|\nabla V_D|^2\,\mathrm{d}x\,, \tag{5.4.5}$$

其中 $C_0>0$ 为 Poincare 常数，它仅与空间维数 d 及区域 Ω 有关. 取 $\varepsilon=\dfrac{1}{4C_0}$，则由（5.4.4）和（5.4.5）式可知存在常数 $C_2>0$，使 $\|V\|_{H^1(\Omega)}\leqslant C_2$.

用 $n-n_D\in H_0^1(\Omega\cup\Gamma_N)$ 作为（5.4.1）式的试验函数并利用 Young 不等式，

得

$$m\int_{\Omega}|\nabla n|^2\,\mathrm{d}x \leqslant \int_{\Omega}\theta_{m,M}|\nabla n|^2\,\mathrm{d}x$$

$$= \int_{\Omega}\theta_{m,M}\nabla n\cdot\nabla n_D\mathrm{d}x - \int_{\Omega}n_{k,K}\nabla(\theta+V)\cdot\nabla(n-n_D)\mathrm{d}x$$

$$\leqslant M\int_{\Omega}|\nabla n|\cdot|\nabla n_D|\mathrm{d}x + K\int_{\Omega}|\nabla\theta|\cdot|\nabla n|\mathrm{d}x +$$

$$K\int_{\Omega}|\nabla V|\cdot|\nabla n|\mathrm{d}x + K\int_{\Omega}|\nabla\theta|\cdot|\nabla n_D| + K\int_{\Omega}|\nabla V|\cdot|\nabla n_D|$$

$$\leqslant \frac{m}{4}\int_{\Omega}|\nabla n|^2\,\mathrm{d}x + \frac{M^2}{m}\int_{\Omega}|\nabla n_D|^2\,\mathrm{d}x +$$

$$\frac{m}{4}\int_{\Omega}|\nabla n|^2\,\mathrm{d}x + \frac{K^2}{m}\int_{\Omega}|\nabla\theta|^2\,\mathrm{d}x +$$

$$\frac{m}{4}\int_{\Omega}|\nabla n|^2\,\mathrm{d}x + \frac{K^2}{m}\int_{\Omega}|\nabla V|^2\,\mathrm{d}x +$$

$$\frac{K}{2}\int_{\Omega}|\nabla\theta|^2\,\mathrm{d}x + \frac{K}{2}\int_{\Omega}|\nabla n_D|^2\,\mathrm{d}x +$$

$$\frac{K}{2}\int_{\Omega}|\nabla V|^2\,\mathrm{d}x + \frac{K}{2}\int_{\Omega}|\nabla n_D|^2\,\mathrm{d}x\,,$$

所以再由 $\|\theta\|_{H^1(\Omega)}\leqslant C_1$ 及 $\|V\|_{H^1(\Omega)}\leqslant C_2$ 知，存在常数 $C_3>0$，使 $\|n\|_{H^1(\Omega)}\leqslant C_3$.

用 $(n-K)^+=\max\{0,n-K\}\in H_0^1(\Omega\cup\Gamma_N)$ 作为（5.4.1）式的试验函数，得

$$m\int_{\Omega}\left|\nabla(n-K)^+\right|^2\,\mathrm{d}x \leqslant \int_{\Omega}\theta_{m,M}\left|\nabla(n-K)^+\right|^2\,\mathrm{d}x$$

$$= -\int_{\Omega}n_{k,K}\nabla(\theta+V)\cdot\nabla(n-K)^+\mathrm{d}x = 0\,,$$

所以 $n\leqslant K$，$x\in\Omega$. 同理，用 $(n-k)^-=\min\{0,n-k\}\in H_0^1(\Omega\cup\Gamma_N)$ 作为（5.4.1）式的试验函数可得 $n\geqslant k$，$x\in\Omega$.

用 $(\theta-M)^+=\max\{0,\theta-M\}\in H_0^1(\Omega\cup\Gamma_N)$ 作为（5.4.2）式的试验函数，得

$$km\int_{\Omega}\left|\nabla(\theta-M)^+\right|^2\,\mathrm{d}x \leqslant \int_{\Omega}n_{k,K}\theta_{m,M}\left|\nabla(\theta-M)^+\right|^2\,\mathrm{d}x$$

$$= -\frac{1}{\tau} \int_{\Omega} n_K (\theta - \theta_L(x))(\theta - \theta_M)^+ \, dx \leqslant 0 \,,$$

所以 $\theta \leqslant M$，$x \in \Omega$. 同理，用 $(\theta - m)^- = \min\{0, \theta - m\} \in H_0^1(\Omega \cup \Gamma_N)$ 作为（5.4.2）式的试验函数可得 $\theta \geqslant m$，$x \in \Omega$. 引理 5.4.1 证毕。

定理 5.1.3 的证明：对于任意 $(\bar{n}, \bar{\theta}) \in (L^2(\Omega))^2$，设 $V \in H^1(\Omega)$ 是问题

$$-\lambda^2 \Delta V = \sigma(\bar{n}_K - C(x)) \,, \quad x \in \Omega \,, \quad V = \sigma V_D \,, \quad x \in \Gamma_D \,, \quad \nabla V \cdot \nu = 0 \,, \quad x \in \Gamma_N$$

的唯一解，其中 $\sigma \in [0,1]$，并设 $\theta \in H^1(\Omega)$ 是问题

$$\operatorname{div}(\bar{n}_{k,K} \bar{\theta}_{m,M} \nabla \theta) = \frac{\sigma \bar{n}_K}{\tau}(\theta - \theta_L(x)) \,, \quad x \in \Omega \,, \quad \theta = \sigma \theta_D \,, \quad x \in \Gamma_D \,, \quad \nabla \theta \cdot \nu = 0 \,, \quad x \in \Gamma_N$$

的唯一解，其中 $\sigma \in [0,1]$. 对于上述 $\bar{n} \in L^2(\Omega)$ 和 $(\theta, V) \in (H^1(\Omega))^2$，设 $n \in H^1(\Omega)$ 是问题

$$-\operatorname{div}(\bar{\theta}_{m,M} \nabla n) = \operatorname{div}(\bar{n}_{k,K} \nabla(\theta + V)) \,, \quad x \in \Omega \,, \quad n = \sigma n_D \,, \quad x \in \Gamma_D \,, \quad \nabla n \cdot \nu = 0 \,, \quad x \in \Gamma_N$$

的唯一解，其中 $\sigma \in [0,1]$. 则不动点算子

$$T : \quad L^2(\Omega) \times L^2(\Omega) \times [0,1] \to L^2(\Omega) \times L^2(\Omega), \quad (\bar{n}, \bar{\theta}, \sigma) \mapsto (n, \theta)$$

是有定义的. 显然，对于 $(\bar{n}, \bar{\theta}) \in L^2(\Omega) \times L^2(\Omega)$，有 $T(\bar{n}, \bar{\theta}, 0) = (0,0)$. 与引理 5.4.1 的证明类似，可以证明：对于所有满足 $T(n, \theta, \sigma) = (n, \theta)$ 的 $(n, \theta) \in L^2(\Omega) \times L^2(\Omega)$ 都有 $\|n\|_{H^1(\Omega)} \leqslant C_4$，$\|\theta\|_{H^1(\Omega)} \leqslant C_5$，且 $k \leqslant n \leqslant K$，$m \leqslant \theta \leqslant M$，这里常数 $C_4, C_5 > 0$ 与 n, θ 及 σ 无关. 因为 $H^1(\Omega) \subset\subset L^2(\Omega)$ 是紧嵌入，所以 T 是紧的. 对于任意 $(\bar{n}_0, \bar{\theta}_0, \sigma_0) \in L^2(\Omega) \times L^2(\Omega) \times [0,1]$，设 $\{(\bar{n}_j, \bar{\theta}_j, \sigma_j)\} \subset L^2(\Omega) \times L^2(\Omega) \times [0,1]$ 且 $(\bar{n}_j, \bar{\theta}_j, \sigma_j) \to (\bar{n}_0, \bar{\theta}_0, \sigma_0)$，设 $T(\bar{n}_j, \bar{\theta}_j, \sigma_j) = (n_j, \theta_j)$，则 $\|n_j\|_{H^1(\Omega)} \leqslant C_4$，$\|\theta_j\|_{H^1(\Omega)} \leqslant C_5$，所以在 $H^1(\Omega)$ 中 n_j 弱收敛于 n_0，θ_j 弱收敛于 θ_0，从而在 $L^2(\Omega)$ 中，n_j 强收敛于 n_0，θ_j 强收敛于 θ_0，且 n_0，θ_0 是问题

$$-\lambda^2 \Delta V_0 = \bar{n}_{0K} - C(x) \,, \quad x \in \Omega \,,$$

$$V_0 = V_D \,, \quad x \in \Gamma_D \,, \quad \nabla V_0 \cdot \nu = 0 \,, \quad x \in \Gamma_N \,,$$

$$\operatorname{div}(\bar{n}_{0k,K} \bar{\theta}_{0m,M} \nabla \theta_0) = \frac{\sigma_0 \bar{n}_{0K}}{\tau}(\theta_0 - \theta_L(x)) \,, \quad x \in \Omega$$

$$\theta_0 = \sigma_0 \theta_D \ , \quad x \in \Gamma_D \ , \quad \nabla \theta_0 \cdot \nu = 0 \ , \quad x \in \Gamma_N \ ,$$

$$-\operatorname{div}(\theta_{0m,M} \nabla n_0) = \operatorname{div}(\overline{n_{0k,K}} \nabla(\theta_0 + V_0)) \ , \quad x \in \Omega \ ,$$

$$n_0 = \sigma_0 n_D \ , \quad x \in \Gamma_D \ , \quad \nabla n_0 \cdot \nu = 0 \ , \quad x \in \Gamma_N$$

的解，所以 T 连续. 从而由 Leray–Schauder 不动点定理知，问题（5.4.1）～（5.4.3），（5.1.19），（5.1.20）存在解 $(n, \theta, V) \in (H^1(\Omega))^3$. 又因为 $k \leqslant n \leqslant K$，$m \leqslant \theta \leqslant M$，所以 $n_{k,K} = n$，$n_K = n$，$\theta_{m,M} = \theta$，从而问题（5.4.1）～（5.4.3），（5.1.19），（5.1.20）的解也是问题（5.1.16）～（5.1.20）的解. 定理 5.1.3 证毕.

5.5 定理 5.1.4 的证明

由于（5.1.21）～（5.1.23）三个方程都是退化的，所以我们考虑如下截断问题：

$$-\operatorname{div}(\theta_{m,M} \nabla n) = \operatorname{div}(n_{\alpha_1, \alpha_2} \nabla(\theta + V)) \ , \tag{5.5.1}$$

$$-\operatorname{div}(\theta_{m,M} \nabla p) = \operatorname{div}(p_{\beta_1, \beta_2} \nabla(\theta - V)) \ , \tag{5.5.2}$$

$$\operatorname{div}((n_{\alpha_1, \alpha_2} + p_{\beta_1, \beta_2}) \nabla \theta) = (n_{\alpha_2} + p_{\beta_2})(\theta - \theta_L(x)) \ , \tag{5.5.3}$$

$$-\Delta V = n_{\alpha_2} - p_{\beta_2} - C(x) \ , \quad x \in \Omega \ , \tag{5.5.4}$$

其中

$$n_{\alpha_2} = \max\{0, \min\{\alpha_2, n\}\} \ , \quad p_{\beta_2} = \max\{0, \min\{\beta_2, p\}\} \ ,$$

$$n_{\alpha_1, \alpha_2} = \max\{\alpha_1, \min\{\alpha_2, n\}\} \ , \quad p_{\beta_1, \beta_2} = \max\{\beta_1, \min\{\beta_2, p\}\} \ ,$$

$$\theta_{m,M} = \max\{m, \min\{M, \theta\}\} \ ,$$

$\alpha_1, \alpha_2, \beta_1, \beta_2, m, M$ 的定义见定理 5.1.4.

定理 5.1.4 的证明需要如下引理：

引理 5.5.1 设定理 5.1.4 中的条件成立，且 $(n, \rho, \theta, V) \in (H'(\Omega))^4$ 是问题（5.5.1）～（5.5.4），（5.1.25），（5.1.26）的解，则

$$\|\theta\|_{H^1(\Omega)} \leqslant C_1 \ , \quad \|V\|_{H^1(\Omega)} \leqslant C_2 \ , \quad \|n\|_{H^1(\Omega)} \leqslant C_3 \ , \quad \|p\|_{H^1(\Omega)} \leqslant C_4$$

且 $0 < \alpha_1 \leqslant n \leqslant \alpha_2$, $0 < \beta_1 \leqslant p \leqslant \beta_2$, $0 < m \leqslant \theta \leqslant M$, $x \in \Omega$ ，其中常数 $C_1, C_2, C_3, C_4 > 0$ 仅可以与 n_D ， p_D ， θ_D ， V_D ， $\theta_L(x)$ ， $C(x)$ 及 Ω, d 有关.

证明： 用 $(\theta - M)^+ = \max\{0, \theta - M\} \in H_0^1(\Omega \cup \Gamma_N)$ 作为式（5.5.3）的试验函数，得

$$(\alpha_1 + \beta_1)\int_\Omega \left|\nabla(\theta - M)^+\right|^2 \mathrm{d}x \leqslant \int_\Omega (n_{\alpha_1,\alpha_2} + p_{\beta_1,\beta_2})\left|\nabla(\theta - M)^+\right|^2 \mathrm{d}x$$

$$= -\int_\Omega (n_{\alpha_2} + p_{\beta_2})(\theta - \theta_L(x))(\theta - M)^+ \mathrm{d}x$$

$$\leqslant 0 \ ,$$

所以 $\theta \leqslant M$ ， $x \in \Omega$. 同理，用 $(\theta - m)^- = \min\{0, \theta - m\} \in H_0^1(\Omega \cup \Gamma_N)$ 作为式（5.5.3）的试验函数可得 $\theta \geqslant m$ ， $x \in \Omega$.

用 $\theta - \theta_D \in H_0^1(\Omega \cup \Gamma_N)$ 作为式（5.5.3）的试验函数并利用 Young 不等式，得

$$(\alpha_1 + \beta_1)\int_\Omega |\nabla\theta|^2 \mathrm{d}x \leqslant \int_\Omega (n_{\alpha_1,\alpha_2} + p_{\beta_1,\beta_2})|\nabla\theta|^2 \mathrm{d}x$$

$$= \int_\Omega (n_{\alpha_1,\alpha_2} + p_{\beta_1,\beta_2})\nabla\theta \cdot \nabla\theta_D \mathrm{d}x -$$

$$\int_\Omega (n_{\alpha_2} + p_{\beta_2})(\theta - \theta_L(x))(\theta - \theta_D)\mathrm{d}x$$

$$\leqslant (\alpha_2 + \beta_2)\int_\Omega |\nabla\theta| \cdot |\nabla\theta_D| \mathrm{d}x +$$

$$(\alpha_2 + \beta_2)(M - m)^2 \cdot |\Omega| +$$

$$\frac{\alpha_1 + \beta_1}{2}\int_\Omega |\nabla\theta_D|^2 \mathrm{d}x +$$

$$\frac{(\alpha_2 + \beta_2)^2}{2(\alpha_1 + \beta_1)}\int_\Omega |\nabla\theta_D|^2 \mathrm{d}x +$$

$$(\alpha_2 + \beta_2)(M - m)^2 \cdot |\Omega| \ ,$$

其中 $|\Omega|$ 表示 Ω 的 Lebesgue 测度，所以存在常数 $C_1 > 0$ ，使 $\|\theta\|_{H^1(\Omega)} \leqslant C_1$.

用 $V - V_D \in H_0^1(\Omega \cup \Gamma_N)$ 作为式（5.5.4）的试验函数并利用 Young 不等式，

得

$$\int_{\Omega}|\nabla V|^2\,\mathrm{d}x=\int_{\Omega}\nabla V\cdot\nabla V_D\,\mathrm{d}x+\int_{\Omega}\big(n_{\alpha_2}-p_{\beta_2}-C(x)\big)(V-V_D)\,\mathrm{d}x$$

$$\leqslant\frac{1}{4}\int_{\Omega}|\nabla V|^2\,\mathrm{d}x+\int_{\Omega}|\nabla V_D|^2\,\mathrm{d}x+$$

$$\int_{\Omega}\big(n_{\alpha_2}-p_{\beta_2}-C(x)\big)(V-V_D)\,\mathrm{d}x\ . \tag{5.5.5}$$

由带 ε 的 Young 不等式和 Poincare 不等式知

$$\int_{\Omega}\big(n_{\alpha_2}-p_{\beta_2}-C(x)\big)(V-V_D)\,\mathrm{d}x$$

$$\leqslant\frac{1}{2\varepsilon}\int_{\Omega}\big(n_{\alpha_2}-p_{\beta_2}-C(x)\big)^2\,\mathrm{d}x+\frac{\varepsilon}{2}\int_{\Omega}(V-V_D)^2\,\mathrm{d}x$$

$$\leqslant\frac{3}{2\varepsilon}\Big(\int_{\Omega}n_{\alpha_2}^2\,\mathrm{d}x+\int_{\Omega}p_{\beta_2}^2\,\mathrm{d}x+\int_{\Omega}C(x)^2\,\mathrm{d}x\Big)+\frac{\varepsilon C_0}{2}\int_{\Omega}|\nabla(V-V_D)|^2\,\mathrm{d}x$$

$$\leqslant\frac{3}{2\varepsilon}\big(\alpha_2^2+\beta_2^2+\|C(x)\|_{L^2(\Omega)}^2\big)+$$

$$\varepsilon C_0\int_{\Omega}|\nabla V|^2\,\mathrm{d}x+\varepsilon C_0\int_{\Omega}|\nabla V_D|^2\,\mathrm{d}x\ , \tag{5.5.6}$$

其中 $C_0>0$ 为 Poincare 常数，它仅与空间维数 d 及区域 Ω 有关. 取 $\varepsilon=\dfrac{1}{4C_0}$，则由式（5.5.5）和式（5.5.6）可知存在常数 $C_2>0$，使 $\|V\|_{H^1(\Omega)}\leqslant C_2$.

用 $n-n_D\in H_0^1(\Omega\bigcup\Gamma_N)$ 作为式（5.5.1）的试验函数并利用 Young 不等式，得

$$m\int_{\Omega}|\nabla n|^2\,\mathrm{d}x\leqslant\int_{\Omega}\theta_{m,M}|\nabla n|^2\,\mathrm{d}x$$

$$=\int_{\Omega}\theta_{m,M}\nabla n\cdot\nabla n_D\,\mathrm{d}x-\int_{\Omega}n_{\alpha_1,\alpha_2}\nabla(\theta+V)\cdot\nabla(n-n_D)\,\mathrm{d}x$$

$$\leqslant M\int_{\Omega}|\nabla n|\cdot|\nabla n_D|\,\mathrm{d}x+\alpha_2\int_{\Omega}|\nabla\theta|\cdot|\nabla n|\,\mathrm{d}x+\alpha_2\int_{\Omega}|\nabla V|\cdot|\nabla n|\,\mathrm{d}x+$$

$$\alpha_2\int_{\Omega}|\nabla\theta|\cdot|\nabla n_D|+\alpha_2\int_{\Omega}|\nabla V|\cdot|\nabla n_D|\,\mathrm{d}x$$

$$\leqslant\frac{m}{4}\int_{\Omega}|\nabla n|^2\,\mathrm{d}x+\frac{M^2}{m}\int_{\Omega}|\nabla n_D|^2\,\mathrm{d}x+\frac{m}{4}\int_{\Omega}|\nabla n|^2\,\mathrm{d}x+\frac{\alpha_2^2}{m}\int_{\Omega}|\nabla\theta|^2\,\mathrm{d}x+$$

$$\frac{m}{4}\int_{\Omega}|\nabla n|^2\,\mathrm{d}x+\frac{\alpha_2^2}{m}\int_{\Omega}|\nabla V|^2\,\mathrm{d}x+\frac{\alpha_2}{2}\int_{\Omega}|\nabla\theta|^2\,\mathrm{d}x+$$

$$\frac{\alpha_2}{2}\int_{\Omega}|\nabla n_D|^2\,\mathrm{d}x+\frac{\alpha_2}{2}\int_{\Omega}|\nabla V|^2\,\mathrm{d}x+\frac{\alpha_2}{2}\int_{\Omega}|\nabla n_D|^2\,\mathrm{d}x\,,$$

所以再由 $\|\theta\|_{H^1(\Omega)}\leqslant C_1$ 及 $\|V\|_{H^1(\Omega)}\leqslant C_2$ 知，存在常数 $C_3>0$，使 $\|n\|_{H^1(\Omega)}\leqslant C_3$.

同理，用 $p-p_D\in H_0^1(\Omega\cup\Gamma_N)$ 作为式（5.5.2）的试验函数可得：存在常数 $C_4>0$，使 $\|p\|_{H^1(\Omega)}\leqslant C_4$.

用 $(n-\alpha_2)^+=\max\{0,n-\alpha_2\}\in H_0^1(\Omega\cup\Gamma_N)$ 作为式（5.5.1）的试验函数，得

$$m\int_{\Omega}\left|\nabla(n-\alpha_2)^+\right|^2\,\mathrm{d}x\leqslant\int_{\Omega}\theta_{m,M}\left|\nabla(n-\alpha_2)^+\right|^2\,\mathrm{d}x$$

$$=\int_{\Omega}n_{\alpha_1,\alpha_2}\nabla(\theta+V)\cdot\nabla(n-\alpha_2)^+\,\mathrm{d}x=0\,,$$

所以 $n\leqslant\alpha_2$，$x\in\Omega$. 同理，用 $(n-\alpha_1)^-=\min\{0,n-\alpha_1\}\in H_0^1(\Omega\cup\Gamma_N)$ 作为式（5.5.1）的试验函数可得 $n\geqslant\alpha_1$，$x\in\Omega$.

同理可证 $\beta_1\leqslant p\leqslant\beta_2$，$x\in\Omega$. 引理 5.5.1 证毕。

定理 5.1.4 的证明：对于任意 $(\overline{n},\overline{p})\in(L^2(\Omega))^2$，设 $V\in H^1(\Omega)$ 是问题

$$-\Delta V=\sigma\left(\overline{n}_{\alpha_2}-\overline{p}_{\beta_2}-C(x)\right)\,,\quad x\in\Omega\,,\quad V=\sigma V_D\,,\quad x\in\Gamma_D\,,\quad\nabla V\cdot\nu=0\,,\quad x\in\Gamma_N$$

的唯一解，这里及后面的 σ 都满足 $\sigma\in[0,1]$，并设 $\theta\in H^1(\Omega)$ 是问题

$$\mathrm{div}((\overline{n}_{\alpha_1,\alpha_2}+\overline{p}_{\beta_1,\beta_2})\nabla\theta)=\sigma\left(\overline{n}_{\alpha_1,\alpha_2}+\overline{p}_{\beta_1,\beta_2}\right)(\theta-\theta_L(x))\,,\quad x\in\Omega\,,$$

$$\theta=\sigma\theta_D\,,\quad x\in\Gamma_D\,,\quad\nabla\theta\cdot\nu=0\,,\quad x\in\Gamma_N$$

的唯一解. 对于上述 $(\overline{n},\overline{p})\in(L^2(\Omega))^2$ 和 $(\theta,V)\in(H^1(\Omega))^2$，设 $n,p\in H^1(\Omega)$ 分别是问题

$$-\mathrm{div}(\theta_{m,M}\nabla n)=\mathrm{div}(\overline{n}_{\alpha_1,\alpha_2}\nabla(\theta+V))\,,\quad x\in\Omega\,,$$

$$n=\sigma n_D\,,\quad x\in\Gamma_D\,,\quad\nabla n\cdot\nu=0\,,\quad x\in\Gamma_N$$

和

$$-\mathrm{div}(\theta_{m,M}\nabla p)=\mathrm{div}(\overline{p}_{\beta_1,\beta_2}\nabla(\theta-V))\,,\quad x\in\Omega\,,$$

$$p=\sigma p_D\,,\quad x\in\Gamma_D\,,\quad\nabla p\cdot\nu=0\,,\quad x\in\Gamma_N$$

的唯一解. 则算子

$$T: \quad L^2(\Omega) \times L^2(\Omega) \times [0,1] \to L^2(\Omega) \times L^2(\Omega), \quad (\bar{n}, \bar{p}, \sigma) \mapsto (n, p)$$

是有定义的. 显然, 对于 $(\bar{n}, \bar{p}) \in L^2(\Omega) \times L^2(\Omega)$, 有 $T(\bar{n}, \bar{p}, 0) = (0, 0)$. 与引理 5.5.1 的证明类似, 可以证明: 对于所有满足 $T(n, p, \sigma) = (n, p)$ 的 $(n, p) \in L^2(\Omega) \times L^2(\Omega)$ 都有 $\|n\|_{H^1(\Omega)} \leqslant C_5$, $\|p\|_{H^1(\Omega)} \leqslant C_6$, 且 $0 < \alpha_1 \leqslant n \leqslant \alpha_2$, $0 < \beta_1 \leqslant p \leqslant \beta_2$, $0 < m \leqslant \theta \leqslant M$, $x \in \Omega$, 这里常数 $C_5, C_6 > 0$ 与 n, p, θ 及 σ 无关. 因为 $H^1(\Omega) \subset\subset L^2(\Omega)$ 是紧嵌入, 所以 T 是紧的, 容易证明 T 也是连续的, 从而由 Leray-Schauder 不动点定理知, 问题 (5.5.1) ~ (5.5.4), (5.1.25), (5.1.26) 存在解 $(n, p, \theta, V) \in (H^1(\Omega))^4$. 又因为 $0 < \alpha_1 \leqslant n \leqslant \alpha_2$, $0 < \beta_1 \leqslant p \leqslant \beta_2$, $0 < m \leqslant \theta \leqslant M$, 所以 $n_{\alpha_1, \alpha_2} = n_{\alpha_2} = n$, $p_{\beta_1, \beta_2} = p_{\beta_2} = p$, $\theta_{m,M} = \theta$, 从而问题 (5.5.1) ~ (5.5.4), (5.1.25), (5.1.26) 的解也是问题 (5.1.21) ~ (5.1.26) 的解, 定理 5.1.4 证毕.

参考文献

[1] CHEN X, CHEN L, JIAN H. Existence, semiclassical limit and long-time behavior of weak solution to quantum drift-diffusion model, Nonlinear Analysis: Real World Applications, 2009, 10 (3): 1321-1342.

[2] DEGOND P, MEHATS F, RINGHOFER C. Quantum energy-transport and drift-diffusion models. J. Stat. Phys., 2005, 118: 625-665.

[3] JUNGEL A, LI H L, MATSUMURA A. The relaxation-time limit in the quantum hydrodynamic equations for semiconductors. J. Diff. Eqs., 2006, 225: 440-464.

[4] CHEN L, JU Q C. Existence of weak solution and semiclassical limit for quantum drift-diffusion model. Z. angew. Math. Phys., 2007, 58: 1-15.

[5] CHEN X. The global existence and semiclassical limit of weak solutions to multidimensional quantum drift-diffusion model. Advanced Nonlinear Studies, 2007, 7: 651-670.

[6] CHEN X, CHEN L, JIAN H. The Dirichlet problem of the quantum drift-diffusion model, Nonlinear Analysis, 2008, 69: 3084-3092.

[7] CHEN X. The isentropic quantum drift-diffusion model in two or three space dimensions. Z. angew. Math. Phys., 2009, 60 (3): 416-437.

[8] CHEN L, CHEN X. Dirichlet-Neumann Problem for Unipolar Isentropic Quantum Drift-Diffusion Model. Tsinghua Science and Technology, 2008, 13 (4): 560-569.

[9] JIANG W X, GUAN P. Weak solutions to one-dimensional quantum drift-diffusion equations for semiconductors. Journal of Southeast University (English Edition), 2006, 22 (4): 577-581.

[10] CHEN X, CHEN L, JIAN H. The Existence and Long-Time Behavior of Weak Solution to Bipolar Quantum Drift-Diffusion Model. Chinese Annals of Mathematics, Series B, 2007, 28 (6): 651-664.

[11] CHEN L, JU Q C. The semiclassical limit in the quantum drift-diffusion equations with isentropic pressure. Chin. Ann. Math., 2008, 29B (4):

369-384.

[12] CHEN X, CHEN L. Initial time layer problem for quantum drift-diffusion model. J. Math. Anal. Appl., 2008, 343: 64-80.

[13] CHEN X, CHEN L. The bipolar quantum drift-diffusion model. Acta Mathematica Sinica, 2009, 25 (4): 617-638.

[14] Q. C. JU, CHEN L. Semiclassical limit for bipolar quantum drift-diffusion model. Acta Mathematica Scientia, 2009, 29B (2): 285-293.

[15] DONG J W. Classical solutions to the one-dimensional stationary quantum drift-diffusion model. Journal of Mathematical Analysis and Applications, 2013, 399: 594-598.

[16] 董建伟, 张伟. 关于一维稳态量子漂移-扩散模型(英). 数学进展, 2015, 44 (2): 263-270.

[17] 董建伟, 毛北行. 一维双极量子漂移-扩散模型的弱解(英). 数学杂志, 2015, 35 (3): 530-538.

[18] JUNGEL A, MILISIC J P. A simplified quantum energy-transport model for semiconductors. Nonlinear Analysis: Real World Applications, 2011, 12: 1033-1046.

[19] CHEN L, CHEN X Q, JUNGEL A. Semiclassical limit in a simplified quantum energy-transport model for semiconductors, Kinetic and Related Models, 2011, 4: 1049-1062.

[20] DONG J W, ZHANG Y L, CHENG S H. Existence of classical solutions to a stationary simplified quantum energy-transport model in 1-dimensional space. Chinese Annals of Mathematics, Series B, 2013, 34 (5): 691-696.

[21] 董建伟, 张又林, 程少华. 一维半导体量子能量输运模型稳态解的唯一性. 数学杂志, 2015, 35 (5): 1245-1251.

[22] 董建伟, 程少华, 王艳萍. 一维稳态量子能量输运模型的古典解. 山东大学学报(理学版), 2015, 50 (3): 52-56.

[23] 董建伟, 张又林. 一个一维简化量子能量运输稳态模型分析(英文). 应用数学, 2014, 27 (3): 679-685.

[24] 董建伟, 程春蕊, 王艳萍. 一维双极量子能量输运稳态模型弱解的存在性. 浙江大学学报(理学版), 2016 年, 43 (5): 521-524.

[25] JUNGEL A. Global weak solutions to compressible Navier-Stokes equations for quantum fluids. SIAM J. Math. Anal., 2010, 42: 1025-1045.

[26] BRULL S, MEHATS F. Derivation of viscous correction terms for the isothermal quantum Euler model. Z. Angew Math. Mech., 2010, 90: 219-230.

[27] JUNGEL A, MILISIC J P. Full compressible Navier-Stokes equations for quantum fluids: derivation and numerical solution. Kinetic and Related Models, 2011, 4 (3): 785-807.

[28] JUNGEL A, LOPEZ J L, GAMEZ J M. A new derivation of the quantum Navier-Stokes equations in the Wigner-Fokker-Planck approach. J. Stat. Phys., 2011, 145: 1661-1673.

[29] JUNGEL A. Effective velocity in compressible Navier-Stokes equations with third-order derivatives. Nonlin. Anal., 2011, 74: 2813-2818.

[30] DONG J W. A note on barotropic compressible quantum Navier-Stokes equations. Nonlin Anal, 2010, 73: 854-856.

[31] JIANG F. A remark on weak solutions to the barotropic compressible quantum Navier-Stokes equations. Nonlinear Anal. Real World Appl., 2011, 12: 1733-1735.

[32] DONG J W. Classical solutions to one-dimensional stationary quantum Navier-Stokes equations. J. Math. Pures Appl., 2011, 96: 521-526.

[33] 董建伟. 一维稳态量子 Navier-Stokes 方程组古典解的唯一性(英文). 应用数学, 2013, 26 (2): 446-450.

[34] 董建伟, 张又林, 王艳萍. 一维稳态量子 Navier-Stokes 方程组分析. 数学物理学报 A 辑, 2013, 33 (4): 719-727.

[35] 董建伟, 程少华. 一维量子 Navier-Stokes 方程组的指数衰减(英文). 数学杂志, 2013, 33 (3): 441-446.

[36] DONG J W, ZHANG Y L, WANG Y P. On the blowing up of solutions to one-dimensional quantum Navier-Stokes equations. Acta Mathematicae Applicatae Sinica, English Series, 2013, 29 (4): 855-860.

[37] CHEN L, DREHER M. The viscous model of quantum hydrodynamics in several dimensions. Math. Models Methods Appl. Sci., 2007, 17: 1065-1093.

[38] DREHER M. The transient equations of viscous quantum hydrodynamics. Math. Methods Appl. Sci., 2008, 31: 391-414.

[39] GAMBA I M, GUALDANI M P, ZHANG P. On the blowing up of solutions

to quantum hydrodynamic models on bounded domains. Monatsh. Math.,
2009, 157: 37-54.

[40] JUNGEL A, MATTHES D. The Derrida-Lebowitz-Speer-Spohn equation:
existence, nonunique-ness, and decay rates of the solutions. SIAM J. Math.
Anal., 2008, 39: 1996-2015.

[41] LIANG B, ZHANG K J. Steady-state solutions and asymptotic limits on the
multi-dimensional semiconductor quantum hydrodynamic model.
Mathematical Models and Methods in Applied Sciences, 2007, 17 (2):
253-275.

[42] ZHANG G J, ZHANG K J. On the bipolar multi-dimensional quantum
Euler-Poisson system: The thermal equilibrium solution and semiclassical
limit. Nonlinear Analysis, 2007, 66: 2218-2229.

[43] ZHANG G J, LI H L, ZHANG K J. Semiclassical and relaxation limits of
bipolar quantum hydrodynamic model for semiconductors. Journal of
Differential Equations, 2008, 245: 1433-1453.

[44] LI H L, ZHANG G J, ZHANG K J. Algebraic time decay for the bipolar
quantum hydrodynamic model. Mathematical Models and Methods in
Applied Sciences, 2008, 18 (6): 859-881.

[45] 董建伟, 程少华. 一维双极量子流体动力学等温模型稳态解的存在性.
华中师范大学学报 (自然科学版), 2013, 47 (4): 461-464.

[46] 董建伟, 张又林. 一维双极量子流体动力学等温模型稳态解的唯一性.
东北师大学报 (自然科学版), 2015, 47 (3): 33-36.

[47] LIANG B, ZHENG S N. Exponential decay to a quantum hydrodynamic
model for semiconductors. Nonlinear Analysis: Real World Applications,
2008, 9: 326-337.

[48] 董建伟, 程春蕊. 一双极半导体器件模型稳态解的存在性. 江南大学学
报 (自然科学版), 2013, 12 (2): 249-252.

[49] 董建伟, 程春蕊. 一个双极半导体器件模型稳态解的唯一性. 江南大学
学报 (自然科学版), 2014, 13 (5): 626-630.

[50] JUNGEL A, PINNAU R. ROHRIG E. Existence analysis for a simplified
transient energy-transport model for semiconductors. Math Meth Appl Sci,
2013, 36 (13): 1701-1712.

[51] GARDNER C. The quantum hydrodynamic model for semiconductor

devices . SIAM J Appl Math, 1994, 54: 409-427.

[52] JUNGEL A, MATTHES D MILISIC J P. Derivation of new quantum hydrodynamic equations using entropy minimization. SIAM J Appl Math, 2006, 67: 46-68.

[53] JEROME J. SHU C W. The response of the hydrodynamic model to heat conduction, mobility, and relaxation expressions. VLSI Design, 1995, 3: 131-143.

[54] 董建伟, 琚强昌. 一个一维半导体简化能量输运模型的稳态解. 数学年刊A辑, 2014, 35 (5): 613-622.

[55] 董建伟, 娄光谱, 王艳萍. 一个半导体简化能量输运模型稳态解的唯一性. 山东大学学报 (理学版), 2016, 51 (2): 37-41.

[56] GUALDANI M. JUNGEL A. Analysis of the viscous quantum hydrodynamic equations for semiconductors. Europ J Appl Math, 2004, 15: 577-595.

[57] 董建伟, 周永卫. 一个能量输运稳态模型弱解的存在性. 华中师范大学学报 (自然科学版), 2015, 49 (2): 179-181.

[58] 董建伟, 朱军辉, 王艳萍. 双极能量输运稳态模型弱解的存在性. 华中师范大学学报 (自然科学版), 2016, 50 (5):641~644.

[59] GILBARG D. TRUDINGER N S. Elliptic Partial Differential Equations of Second Order. Second edition, Berlin: Springer-Verlag, 1983.